电气工程识图与绘制

主　编　秦小滨　彭　超　彭　华
副主编　刘利峰　李贤强　曹玉娴
参　编　郎明聪　向　东　刘　武　魏红梅

北京理工大学出版社
BEIJING INSTITUTE OF TECHNOLOGY PRESS

内容简介

本书知识以"实用、够用"为度，略掉了空泛的概念性内容，以培养学生职业能力为中心，整合相关知识和技能，实现实践性与趣味性的结合，便于学生系统地学习电气识图和绘制的内容。本书以家居电气控制系统工程为载体，共分4个项目，分别介绍一居室电气系统识图与绘制、三居室电气系统识图与绘制、复式住宅电气系统识图与绘制、别墅电气系统识图与绘制。

本书内容全面、图文并茂，可作为中等职业学校电气技术应用专业的教材，也可供电气工程师参考使用。

版权专有 侵权必究

图书在版编目（CIP）数据

电气工程识图与绘制／秦小滨，彭超，彭华主编. -- 北京：北京理工大学出版社，2021.11

ISBN 978-7-5763-0642-2

Ⅰ.①电… Ⅱ.①秦… ②彭… ③彭… Ⅲ.①建筑工程–电气设备–电路图–识图–中等专业学校–教材②建筑工程–电气设备–工程制图–中等专业学校–教材 Ⅳ.①TU85

中国版本图书馆 CIP 数据核字（2021）第 219705 号

出版发行／	北京理工大学出版社有限责任公司
社　　址／	北京市海淀区中关村南大街5号
邮　　编／	100081
电　　话／	（010）68914775（总编室）
	（010）82562903（教材售后服务热线）
	（010）68944723（其他图书服务热线）
网　　址／	http://www.bitpress.com.cn
经　　销／	全国各地新华书店
印　　刷／	定州市新华印刷有限公司
开　　本／	889毫米×1194毫米　1/16
印　　张／	10
字　　数／	199千字
版　　次／	2021年11月第1版　2021年11月第1次印刷
定　　价／	38.00元

责任编辑／陆世立
文案编辑／陆世立
责任校对／周瑞红
责任印制／边心超

图书出现印装质量问题，请拨打售后服务热线，本社负责调换

前言

随着建筑技术的飞速发展，建筑物内各电气系统装备技术水平不断改善和提高，建筑开始向高品质、多功能方向发展，民用建筑电气工程工作量越来越大，对建筑电气工程的要求也越来越高。在这种形势下，电气工程如何适应新技术，改变旧的设计理念，快速查找设计项目中国家的有关规定和技术数据，是广大电气工程设计人员一直关心的焦点问题。

随着建筑行业的发展，电气工程在建筑中的重要作用日益凸显，电气工程施工图识读与绘制已成为施工中非常重要的环节。为了培养建筑电气工程岗位能手并满足中等职业学校的教学需求，编者编写了本书。

本书以《教育部关于职业院校专业人才培养方案制订与实施工作的指导意见》《职业院校教材管理办法》等文件为指导，结合电气行业电气工程识图与绘制相关岗位能力需求，选取教材内容。本书以素质教育为基础，以就业为导向，以能力为本位，通过"基于工作过程的系统化学习"促进学生知识与技能的全面发展，在使学生掌握电气工程识图与绘制理论知识与操作技能的同时，注重学生分析问题、解决问题能力的培养，为学生的后续职业发展夯实基础。

本书以家居电气控制系统工程为载体，介绍一居室电气系统识图与绘制、三居室电气系统识图与绘制、复式住宅电气系统识图与绘制和别墅电气系统识图与绘制的知识与技能。全书共分4个项目，每个项目又分为若干工作任务，各项目均以典型案例及热点问题引入，以吸引学生兴趣；另外，各项目下均设置"学习目标"（包括知识目标、技能目标和素养目标），以便学生明确本项目的学习任务。各任务中均设置"任务导入""任务实施""知识链接""任务评价""拓展练习"等模块，符合中职学生的认知规律，注重学生职业能力的培养，并鼓励学生提出不同的见解，在讨论中澄清模糊认识，整合相关知识与技能，实现实践性、趣味性的结合，达到使学生系统性学习电气工程图识图和绘制知识的目的。

编者在编写本书的过程中大胆尝试、勇于创新，力求实现理论知识与职业技能的高度融合，充分体现实践性、过程性、情境化的特征，使本书更符合中等职业学校一体化教学的需求。

　　本书以突出实用性为原则，以天正电气为软件平台，由重庆市万州职业教育中心、重庆电子工程职业学院和重庆市大足职业教育中心专业骨干教师合作编写，同时得到了施耐德电气（中国）有限公司和施耐德（重庆）电工有限公司的大力支持。在编写过程中，编者参考了大量的国家标准、行业标准及专业著作，在此谨向有关参考资料的作者表示衷心的感谢。

　　由于编者水平有限，加之编写时间仓促，书中的疏漏之处在所难免，敬请读者朋友批评指正。

目录

项目一　一居室电气系统识图与绘制 ········· 1

　　任务一　一居室电气系统咨询 ········· 2

　　任务二　一居室电气系统计划、决策 ········· 7

　　任务三　一居室电气系统图绘制 ········· 21

　　　子任务一　初识软件 ········· 21

　　　子任务二　绘制墙体 ········· 39

　　　子任务三　绘制门窗 ········· 49

　　　子任务四　放置电气组件 ········· 56

　　　子任务五　生成系统图 ········· 63

　　　子任务六　输出成套图纸 ········· 70

　　任务四　展示与评价 ········· 73

项目二　三居室电气系统识图与绘制 ········· 79

　　任务一　三居室电气系统咨询 ········· 80

　　任务二　三居室电气系统计划、决策 ········· 84

　　任务三　三居室电气系统图绘制 ········· 92

　　　子任务一　绘制构造线 ········· 92

　　　子任务二　绘制墙体 ········· 95

　　　子任务三　绘制门窗 ········· 100

　　　子任务四　放置电气组件 ········· 111

　　　　子任务五　参数标注……………………………………………………………116
　　　　子任务六　输出成套图纸…………………………………………………………123
　　任务四　展示与评价……………………………………………………………………126

项目三　综合项目——复式住宅电气系统识图与绘制…………………………………129
　　任务　复式住宅电气系统识图与绘制……………………………………………………130

项目四　创新项目——别墅电气系统识图与绘制………………………………………143
　　任务　别墅电气系统识图与绘制…………………………………………………………144

参考文献………………………………………………………………………………………153

项目一

一居室电气系统识图与绘制

📖 案例导入

小明毕业后,凭着自己辛勤的工作终于买了一套属于自己的房子。眼看交房的时间就要到了,小明找到一家装修公司,希望该装修公司能根据他提供的图样(图1-0-1),设计电气图和装修效果图。现在装修公司老板将设计电气图的具体工作交给了你,请你完成小明家电气图的设计。

图1-0-1 一居室效果图

📖 学习目标

知识目标:

1. 了解电气图的分类及不同功能。
2. 熟悉电气符号,能正确区分不同的电气符号。

3. 能区分一居室电气组件的功能。

4. 认识常用的电气图绘制软件，熟悉软件的命令和工具。

5. 熟悉绘制电气图的工作流程。

技能目标：

1. 能运用电气知识与客户进行有效沟通。

2. 能正确比较、选用合适的绘图软件。

3. 能正确地进行电气系统的咨询。

4. 能对需求对任务进行分析，并制订合适的计划。

5. 能绘制简单的电气图。

6. 能按工程文件要求输出成套电气图。

素养目标：

1. 培养学生严谨求实的科学态度和作风，以及创新求实的精神。

2. 具有良好的人际交往与团队协作能力。

3. 具备获取信息、学习新知识的能力。

4. 培养学生节能环保的节约意识。

任务一　一居室电气系统咨询

任务引入

请对一居室进行现场勘测，了解房间结构；同时，与客户进行沟通，了解客户对用电器的需求情况、对电气控制的具体要求等，并将咨询情况进行整理记录。

任务实施

一、现场勘测

进行实地勘测，做好原始记录，为后期工作提供基础数据。

根据一居室房屋实际，在下面的方框中绘制一居室房屋结构草图，并做好相关尺寸标注，所有标注尺寸单位均为 mm，同时完成表 1-1-1 的填写。

表 1-1-1 一居室现场勘测情况

建筑面积情况 单位（m²）	客厅		卧室	
	厨房		卫生间	
	其他		总面积	
房屋建筑结构	□钢结构　□钢、钢筋混凝土结构　□钢筋混凝土结构　□混合结构 □砖木结构　□其他结构			
光照情况	□良好　□一般　□阴暗			

注：1. 建筑面积计算公式为面积（S）= 长（a）× 宽（b）

2. 房屋建筑结构：房屋建筑结构是指根据房屋的梁、柱、墙等主要承重构件的建筑材料划分类别。房屋结构设计的目的是保证所建造的结构安全实用，能够在规定的年限内满足各种预期功能的要求，并且经济合理。

我国最常见的
5种建筑结构

知识窗口

建筑结构有以下 6 种类别。

1）钢结构：承重的主要结构是用钢材料建造的，包括悬索结构，如钢铁厂房、大型体育场等。

2）钢、钢筋混凝土结构：承重的主要结构是用钢、钢筋混凝土建造的，如一幢房屋一部分梁柱采用钢制构架，一部分梁柱采用钢筋混凝土构架建造。

3）钢筋混凝土结构：承重的主要结构是用钢筋混凝土建造的，包括薄壳结构、大模板现浇结构及使用滑升模板等先进施工方法施工的钢筋混凝土建造的结构。

4）混合结构：承重的主要结构是用钢筋混凝土和砖木建造的，如一幢房屋的梁是用钢筋混凝土制成的，以砖墙为承重墙，或梁是木材制造，柱是钢筋混凝土建造的，用预制钢筋混凝土小梁薄板楼混合二等，其他的为混合一等。

5）砖木结构：承重的主要结构是用砖、木材建造的。例如，一幢房屋是用木屋架、砖墙、木柱建造的。房屋两侧（指一排或一幢下同）山墙和前沿横墙厚度为一砖以上的砖木一等；房屋两侧山墙为一砖以上，前沿横墙厚度为半砖、板壁、假墙或其他单墙，厢房山墙厚度为一砖，厢房前沿墙和正房前沿墙不足一砖的为砖木二等；房屋两侧山墙以木架承重，用半砖墙或其他假墙填充，或以砖墙、木屋架、瓦屋面、竹桁条组成的砖木三等。

6）其他结构：凡不属于上述结构的房屋建筑结构均归入此类。

二、客户需求

1. 负荷（用电器负载）估算

估算用电器负载，并填写表1-1-2。

表1-1-2　用电器负载估算表

序号	用电器	单/三相负载	额定功率（W）	数量（台）	实际功率（W）
合计					

注：额定功率是指用电器正常工作时的功率。它的值为用电器的额定电压乘以额定电流。若用电器的实际功率大于额定功率，则用电器可能会损坏；若实际功率小于额定功率，则用电器无法正常运行。

2. 电气控制要求

1）灯控情况：客厅、卧室的灯需实现三地控制，其余灯只需一地控制。

2）负荷控制情况：大负荷用电器（如冰箱、空调等）单独控制，灯和插座单独控制。

3. 导线选择、线路敷设及用电器安装要求

导线选择、线路敷设及用电器安装均应满足《民用建筑电气设计标准》(GB 51348—2019) 的相关规定。

照明应满足《建筑照明设计标准》(GB 50034—2013)、《住宅建筑电气设计规范》(JGJ 242—2011)、《低压配电设计规范》(GB 50054—2011)、《供配电系统设计规范》(GB 50052—2009)、《电力工程电缆设计标准》(GB 50217—2018)的相关规定。

知识链接

一、电气工程

电气工程一般是指某一工程,如工厂、企业、住宅或其他设施的供电、用电工程,规模大小不一,通常包括以下项目。

电气工程与电气图

1)内线工程:室内动力、照明线路及其他线路。

2)外线工程:室外电源供电线路,包括架空电力线路、电缆电力线路。其电压等级一般在35kV以下。

3)动力、照明及电热工程:各种风机、水泵、起重机、机床等动力设备(主要是各种形式的电动机),以及照明灯具、电扇、空调器、插座、配电箱等电气装置。

4)变配电工程:由变压器、高低压配电装置、继电保护与电气计量等二次设备和二次接线构成的室内外变电所。电压等级一般在35kV以下。

5)发电工程:自备发电站及附属设备的电气工程。一般为400V的柴油发电机组。

6)弱电工程:电话、广播、闭路电视、安全报警等系统的弱电信号线路和设备。

7)防雷工程:建筑物和电气装置的防雷设施。

8)电气接地工程:各种电气装置的保护接地、工作接地、防静电接地装置等。

二、电气图

电气图是一类比较特殊的图。它是指用图形符号、带注释的图框或简化外形表示系统或设备中各组成部分之间相互关系及其连接关系的一种简图。

按照相关国家标准的规定,一般来说,电气图分为功能性图、位置类图、接线类图[表]、项目表、说明文件五大类。项目表和说明文件实际是电气图的附加说明文件,若扣除项目表和说明文件,则电气图共有18种。

并非每一种电气装置、电气设备都必须具备上述图表。不同的电气图适用于不同工程内容或要求的场合,不同电气图之间的主要区别是其表示方法或形式上的不同。一台设备装置需要多少电气图,主要看实际需要,以及该设备电气部分的复杂程度等。对于简单的设备,其可能

只需要一张原理图就可以满足实际需要；对于复杂的设备，其可能需要上面所说的所有电气图都齐全才能满足实际需要。

三、沟通技能

美国著名学府普林斯顿大学对一万份人事档案进行分析发现，"智慧""专业技术"和"经验"只占成功因素的 25%，其余 75% 取决于良好的人际沟通。

高效沟通的步骤：事前准备→确认需求→阐述观点→处理异议→达成协议→共同实施。

任务评价

根据学习情况对知识和工作过程进行评估，对照表 1-1-3 逐一检查所学知识点，并如实在表 1-1-4 中做好记录。

表 1-1-3　知识点检查记录表

检查项目	理解概念		回忆		复述		存在的问题
	能	不能	能	不能	能	不能	
电气图							
沟通技巧							
需求分析							

表 1-1-4　工作过程评估表

确定的目标		1	2	3	4	5	观察到的行为
专业能力	有效沟通						
	测量工具使用						
方法能力	收集信息						
	查阅资源						
社会能力	相互协作						
	同学及老师的支持						
个人能力	执行力						
	做事的专注能力						

注：在对应的数字下面打"√"，1—优秀，2—良好，3—合格，4—基本合格，5—不合格

拓展练习

1. 模拟打电话，学习打电话技巧。

2. 与家长沟通，了解自己家中电气需求信息，并做好记录。

项目一　一居室电气系统识图与绘制

任务二　一居室电气系统计划、决策

任务引入

随着社会的进步和人民生活水平的提高，人们对现代家居的要求也越来越高，作为现代家居重要组成部分的电气系统要充分体现安全、可靠、实用、舒适和美观的特点。请借助网络、门店等资源，了解电气配电用组件及耗材情况，结合任务一的需求，制定3种不同品牌的配电组件、耗材和控制方式方案，并做好相关记录。

任务实施

结合任务一的电气咨询情况，用3种不同品牌的产品完成一室一厅家居电气系统的配电组件及耗材方案的制定。

一、配电组件及耗材方案

制定配电组件及耗材方案，并填写表1-2-1。

表1-2-1　配电组件及耗材方案

项目	产品名称	规格	品牌1	品牌2	品牌3
配电箱					
弱电信息箱					
断路器					

续表

项目	产品名称	规格	品牌1	品牌2	品牌3
开关					
插座					
灯具					
导线					

续表

续表

项目	产品名称	规格	品牌1	品牌2	品牌3
通信线					
线槽					
开关盒					
其他					

二、人员分工情况

对人员进行分工，并填写表 1-2-2。

表 1-2-2　人员分工情况

序号	任务内容	时间	任务人	备注
1				
2				

续表

序号	任务内容	时间	任务人	备注
3				
4				
5				
6				
7				
⋮				

三、根据客户需求，制定最优方案

结合客户需求，小组内讨论并进行评估，做出决策，将最佳配置方案填入表 1-2-3 中。

表 1-2-3 最佳配置方案

项目	产品名称	产品编号	品牌及规格	单价	数量	价格
配电箱						
弱电信息箱						
断路器						

续表

项目	产品名称	产品编号	品牌及规格	单价	数量	价格
开关						
插座						
灯具						
导线						

续表

项目	产品名称	产品编号	品牌及规格	单价	数量	价格
通信线						
线槽						
开关盒						
其他						
合计						

知识链接

家居用电系统包括强电系统及弱电系统。强电系统是指由小区引入的供电系统，包括单相交流 220V、三相交流 380V，主要用于家居照明、家用电器等的供电；弱电系统是指由公共平台引入的信息系统，主要用于电视、电话、互联网络、安防报警等低于 36V 安全电压信号的传输。

一、配电箱选择

配电箱（图 1-2-1）应选择有足够可安装回路数的产品；箱体采用坚固的金属材料，安装方式为嵌入式暗装；安装导轨采用标准的 35mm 导轨，材料要坚固耐用；中性线排、接地排采用铜合金材料，不易腐蚀生锈；连接螺钉不易打毛，不易腐蚀生锈，通电测试不易发黑；外壳可以选用塑料盖或金属盖，开门方便，材料不易破损，固定件可靠牢固。

配电箱

图 1-2-1 配电箱

断路器

二、断路器选择

断路器一定要选择正规产品，入手手感沉重，开合没有滞涩感觉，开关有明显的开合标志；连接螺钉不易打毛、不易腐蚀生锈，接线紧固后不易松动。下面介绍几种常用的断路器。

（1）过电流保护断路器（图 1-2-2）

1) 单模单极过电流保护断路器：控制一路相线。

2) 双模双极过电流保护断路器：同时控制相线和中性线。

3) 单模双极过电流保护断路器：同时控制相线和中性线（更紧凑、节省空间）。

4) 三极过电流保护断路器：控制三路相线（别墅户型才会用到）。

（2）漏电保护断路器（图 1-2-3）

1) 双极漏电保护断路器：控制一路相线和中性线。

2) 四极漏电保护断路器：控制三路相线和中性线。

（3）防雷保护装置（图 1-2-4）

1) 双极：保护 1 个回路。

2) 四极：保护 3 个回路。

图 1-2-2 过电流保护断路器

图 1-2-3 漏电保护断路器

图 1-2-4 防雷保护装置

为了保证其中一个回路出现故障时，其他回路仍可正常供电，每个回路需要分别安装断路器。为了防止家用电器因漏电造成人身伤害和火灾事故，电源插座回路和空调插座回路要安装漏电保护开关。厨房、卫生间由于家用电器较多，一般也单独安装断路器。

为了防止某一个断路器损坏时造成麻烦，还可增加两路备用断路器。为了避免打雷/电压不稳造成电器损坏，可加装防雷/防浪涌保护装置。为了方便使用，可在各个功能区域安装墙壁开关插座。其家居配电方案如下：

1. 经济型配电

1）配电方案，如图 1-2-5 所示。

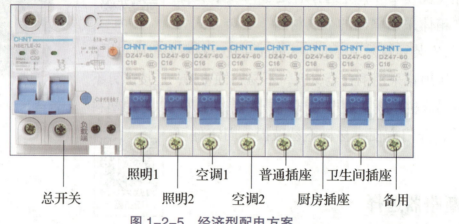

图 1-2-5　经济型配电方案

2）配电套餐，型号如表 1-2-4 所示。

表 1-2-4　经济型配电断路器型号

产品名称	规格	ABB	Hager	CHINT
配电箱	12 位	ACP 12 PNB BNU	BT12MF	12 回路终端配电箱
带漏电保护进线断路器	4P/40A	GS262C40	AD640G	DZ47/LEC40A2P
照明回路断路器 1	1P/10A	S261C10	MC110P	DZ47/60 C10 1P
照明回路断路器 2	1P/10A	S261C10	MC110P	DZ47/60 C10 1P
空调回路断路器 1	1P/25A	S261C25	MC125P	DZ47/60 C25 1P
空调回路断路器 2	1P/25A	S261C25	MC125P	DZ47/60 C25 1P
普通插座回路断路器	1P/16A	S261C16	MC116P	DZ47/60 C16 1P
厨房插座回路断路器	1P/16A	S261C16	MC116P	DZ47/60 C16 1P
卫生间插座回路断路器	1P/16A	S261C16	MC116P	DZ47/60 C16 1P
备用断路器	1P/16A	S261C16	MC116P	DZ47/60 C16 1P

2. 舒适型配电

1）配电方案，如图 1-2-6 所示。

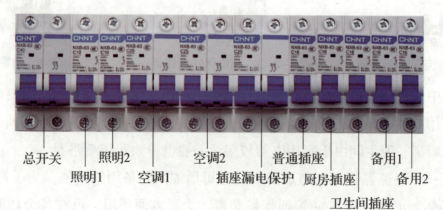

图 1-2-6　舒适型配电方案

2）配电套餐，型号如表 1-2-5 所示。

表 1-2-5　舒适型配电断路器型号

产品名称	规格	ABB	Hager	CHINT
配电箱	16位	ACP 16PNB BNU	VT16MF	16回路终端配电箱
进线断路器	2P/40A	GS261C40	MC240P	DZ47/60 C40A 2P
照明回路断路器 1	1P/10A	S261C10	MC110P	DZ47/60 C10 1P
照明回路断路器 2	1P/10A	S261C10	MC110P	DZ47/60 C10 1P
带漏电保护进线断路器 1	2P/25A	GS262 C25	AD6250E	DZ47/LEC25A2P
带漏电保护进线断路器 2	2P/25A	GS262 C25	AD6250E	DZ47/LEC25A2P
普通插座回路断路器	1P/16A	S261C16	MC116P	DZ47/60 C16 1P
厨房插座回路断路器	1P/16A	S261C16	MC116P	DZ47/60 C16 1P
卫生间插座回路断路器	1P/16A	S261C16	MC116P	DZ47/60 C16 1P
备用断路器 1	1P/16A	S261C16	MC116P	DZ47/60 C16 1P
备用断路器 2	1P/16A	S261C16	MC116P	DZ47/60 C16 1P

3. 豪华型配电

1）配电方案，如图 1-2-7 所示。

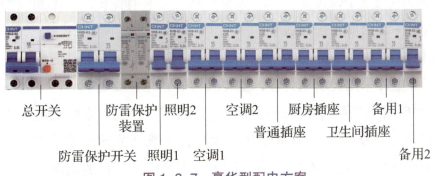

图 1-2-7　豪华型配电方案

2）配电套餐，型号如表 1-2-6 所示。

表 1-2-6　豪华型配电断路器型号

产品名称	规格	ABB	Hager	CHINT
配电箱	24位	ACP 24PNB BNU	VT24MF	24回路终端配电箱
进线断路器	4P/63A	GS262C63	MC263P+BD263G	DZ47/LEC63A 2P
防雷保护断路器	2P/16A	S262C16	MC216P	DZ47/60 C16A 2P
防雷保护装置	2P/15KA	OVR BT21N-15-320P	SPD215D	NU6-II 15KA 2P
照明回路断路器 1	1P/16A	S261C16	MC116P	DZ47/60 C16A 1P
照明回路断路器 2	1P/16A	S261C16	MC116P	DZ47/60 C16A 1P

续表

产品名称	规格	ABB	Hager	CHINT
带漏电保护空调回路断路器1	2P/25A	GS261 C25	AD625E	DZ47/LEC25A 2P
带漏电保护空调回路断路器2	2P/25A	GS261 C25	AD625E	DZ47/LEC25A 2P
其他用电设备插座断路器	2P/25A	GS261 C25	AD625E	DZ47/LEC25A 2P
厨房插座回路断路器	2P/25A	GS261 C25	AD625E	DZ47/LEC25A 2P
卫生间插座回路断路器	2P/25A	GS261 C25	AD625E	DZ47/LEC25A 2P
备用断路器1	2P/25A	GS261 C25	AD625E	DZ47/LEC25A 2P
备用断路器2	1P/16A	S261 C16	MC116P	DZ47/60 C16A 1P

三、开关插座选择

开关插座的选择

开关插座选择的原则如下：

1）外观。开关插座的款式和颜色要与家居整体装修风格相吻合，表面光滑、无气泡、无毛刺、无划痕、无污迹。

2）手感。开关拨动的手感轻巧而不紧涩，弹簧软硬适中，开和关的转折比较有力度，不易发生开关翘板停在中间某个位置的状况。插座的插孔要装有保护门，不易发生单头插入的现象，插座的插拔要有一定力度，松紧适中。

3）材料。面板材料要具有较高的防火、防潮、防撞击性能，不易褪色。开关插座的通断触点采用银合金，导电片采用优质铜合金，重复弹力好，用料要足。

4）安全。不同使用场合要选配不同功能的开关插座。开关插座额定电流要和用电器相匹配，防止用电器电流过大造成开关插座烧坏。例如，一般开关插座选用10A，空调挂机选用16A，立式空调选用25A。为防止触电，应选用带有安全保护装置的插座。有金属外壳的家用电器应选用带保护接地的三极插座。卫生间、阳台等易沾水的位置，应加装防溅盒。

5）便利。每个功能区域尽量多配置五孔插座，如卧室一般配置4个以上插座，厨房配置6个以上插座；卧室床头应配置电视机电源开关，需两地开关灯的区域选用双控开关；阳台、走廊等短时间停留区域可选用延时开关（人体感应开关、触摸开关、声控开关），主灯、床头灯可配置调光开关等。

6）个性化。有几个开关插座装在一起时可选用多位边框；不同区域可选用色彩不同的边框，如儿童房可选用彩色边框，有墙纸区域可选用和墙纸颜色搭配的边框，厨房可选用不易沾油污且容易清洁的不锈钢边框等。

1. 开关插座示例

开关插座示例如图1-2-8所示。

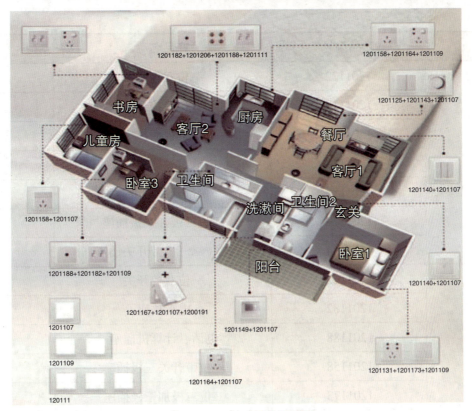

图 1-2-8 开关插座示例

2. 配电套餐

开关插座配电套餐如表 1-2-7 所示。

表 1-2-7 开关插座配电套餐

区域	产品编号	产品名称	数量
玄关	1201140	门铃开关	1
	1201119	一位单控带灯开关	1
	1201167	二位二三极插座	1
餐厅	1201143	调光开关	1
	1201167	二位二三极插座	2
	1201125	二位单控开关	1
客厅	1201131	三位单控开关	1
	1201143	调光开关	1
	1201173	二位二极加三极插座	4
	1201158	一位带开关三极插座	1
	1201182	电视插座	1
	1201206	双联音响插座	1
	1201188	电话、计算机插座	1

续表

区域	产品编号	产品名称	数量
卧室	1201122	一位双控开关	2
	1201119	一位单控开关	3
	1201182	电视插座	1
	1201188	电话、计算机插座	1
	1201158	一位带开关三极插座	1
	1201173	二位二极加三极插座	4
	1201164	二位二三极带开关插座	2
儿童房	1201122	一位双控开关	2
	1201182	电视插座	1
	1201188	电话、计算机插座	1
	1201158	一位带开关三极插座	1
	1201173	二位二极加三极插座	2
书房	1201122	一位单控开关	1
	1201182	电视插座	1
	1201188	电话、计算机插座	1
	1201158	一位带开关三极插座	1
	1201164	二位二三极带开关插座	2
厨房	1201125	二位单控开关	1
	1201164	二位二三极带开关插座	6
	1201158	一位带开关三极插座	1
卫生间	1201125	二位单控开关	1
	1201167	二位二三极万用插座	1
	1200191	插座防溅盒	1
阳台	1201149	人体感应开关	1
	1201167	二位二三极万用插座	2
洗漱间	1201164	二位二三极带开关插座	1

家居强电布线系统主要从安全、功能、美观3个方面来考虑。从配电箱到各个功能区域的墙壁开关插座、照明灯具的布线统一穿管开槽埋入墙壁。电线采用铜导线，电线绝缘皮颜色统一，相线用红色或黄色线，中性线用蓝色线，接地线为黄绿双色线。电线绝缘皮不能有破损，粗细要合适；进户线用10mm^{2}线，开关、照明灯具一般用1.5mm^{2}线，一般插座用2.5mm^{2}线，

空调插座和大功率热水器用 4mm² 线，接地线用 2.5mm² 线。电工套管一般选用直径为 16mm 或 20mm 的 PVC 管，每根管最多穿 3 根线，为消除安全隐患，电线和穿线电管都应选择正规产品。

四、弱电信息箱选择

弱电信息箱应选择正规产品，有足够的安装空间，信息模块选择多样；箱体采用坚固的金属材料，安装方式为嵌入式暗装；外壳可以选用塑料盖或金属盖，开门方便，材料不易破损，固定件可靠牢固；为连通公众电话网，可选用二进八出电话分配模块；为连通公众计算机网络，可选用一进四出以太网交换机模块；为连通公众电视网络，可选用一进四出视频分配器模块；为连通小区物业管理网络，可选用三防报警模块（火灾报警、安防监控报警、可燃气体报警），三表自动采集模块（水表、电表、煤气表）。弱电信息箱如图 1-2-9 所示，弱电布线系统如图 1-2-10 所示，线材种类如图 1-2-11 所示。

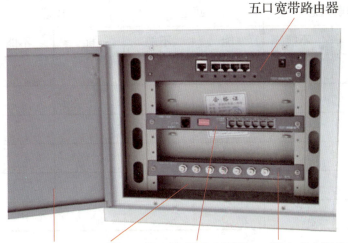

图 1-2-9　弱电信息箱

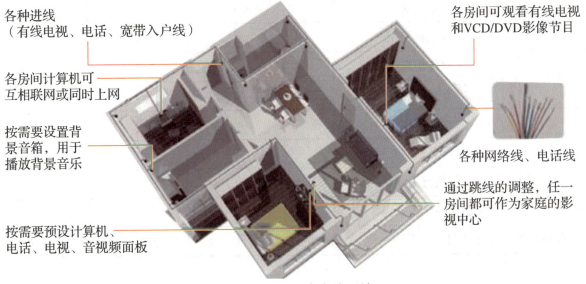

图 1-2-10　弱电布线系统

布线标准：标准三室二厅 100m² 户型电话、计算机线，电视线各需 100m。音频线视间箱的多少而定，从弱电信息箱到各功能区域墙壁信息插座的弱电布线单独穿管开槽埋入墙壁，强电线和弱电线一定要分开布置，电视线要单独穿管敷设，以免造成信号干扰。

 网络线选用标准八芯双绞超五类线

 视频线选用标准同轴电缆线

 电话线选用标准四芯电话线

 音响线选用标准两芯软线

图 1-2-11　线材种类

任务评价

根据学习情况对知识和工作过程进行评估，对照表 1-2-8 逐一检查所学知识点，并如实在表 1-2-9 中做好记录。

表 1-2-8　知识点检查记录表

检查项目	理解概念		回忆		复述		存在的问题
	能	不能	能	不能	能	不能	
配电箱							
断路器							
开关							
插座							
弱电信息箱							
需求分析							

表 1-2-9　工作过程评估表

确定的目标		1	2	3	4	5	观察到的行为
专业能力	有效沟通						
	测量工具使用						
方法能力	收集信息						
	查阅资源						
社会能力	相互协作						
	同学及老师的支持						
个人能力	执行力						
	做事的专注能力						

注：在对应的数字下面打"√"，1—优秀，2—良好，3—合格，4—基本合格，5—不合格

拓展练习

1. 通过网络查询3家电气企业，了解企业文化、主要产品等信息。
2. 通过网络了解智能家居，认识智能家居产品。

一居室电气系统图绘制

任务引入

本书中使用的软件为天正电气，下面通过初识软件、绘制建筑墙体、绘制门窗、放置电气组件、生成系统图、输出成套图纸6个子任务完成一居室电气系统图的绘制。

子任务一　初识软件

任务实施

一、具体工作任务

1）在D盘以学号为文件名建立文件夹，以便保存所有项目文件。

2）运行软件，以学号为文件名新建图形样板（*.dwt），如×××.dwt，并保存在1）所建的文件夹中。

3）对2）所建图形样板进行初始设置。要求：

①显示设置：二维空间模型背景颜色白色，十字光标大小设为50。

②用户系统配置：自定义右击效果，即没有选定对象时右击表示重复上一个命令，选定对象后右击表示弹出快捷菜单，正在执行命令时右击表示确认。

③电气设置：高频图块个数为6；系统线线2；系统导线0.5；字高3.5，宽高比为1；标导线数用斜线数量表示。

4）图形界限：左下角点<0,0>，右上角点<28500,27200>。

5）绘制矩形：左下角点<0,0>，右上角点<28500,27200>。

6）初识绘图，用工具菜单中的绘图工具绘制喜欢的图形并做文字标注。

二、写出命令或工具的菜单位置和快捷键

写出表 1-3-1 所示命令或工具的菜单位置和快捷键。

表 1-3-1 快捷键

命令/工具	菜单位置	快捷键
初始设置		
图形界限		
绘图工具栏		—
直线	—	
构造线	—	
多段线	—	
多边形	—	
矩形	—	
圆弧	—	
圆	—	
椭圆	—	
椭圆弧	—	
图形填充	—	
表格	—	
多行文字	—	

知识链接

一、天正软件

1. 天正软件的软硬件环境要求

天正软件-电气系统基于 AutoCAD 2002~2014 版开发，对软硬件环境的要求与 AutoCAD 2002~2014 版相同，如表 1-3-2 所示。

表 1-3-2 软硬件要求

硬件与软件	最低要求	推荐要求
机型	Pentium/133Pentium	Ⅲ及更高档次的机器
内存	64MB	128MB 以上
显示器	800 像素 ×600 像素 ×256 像素	1024 像素 ×768 像素 ×16 位

硬件与软件	最低要求	推荐要求
屏幕尺寸	14英寸	17英寸及更大
鼠标器	推荐新型的多键带滚轮鼠标，利用鼠标实时缩放和平移	
数字化仪	可切换为鼠标功能（天正不使用数字化仪菜单，但支持数字化仪的定标操作）	
绘图设备	根据经济能力与应用水平进行选配。出施工图可用各种笔式、喷墨打印机；校核图输出可用针式打印机；渲染效果图的输出，除了屏幕照相外，可选用彩色喷墨、热升华、热转印打印机等	
操作系统	简体中文 Window Vista、Windows 7、Windows 8、Windows 10	
图形支撑软件	中英文 AutoCAD 2002~2014，本书统称 AutoCAD 20××。	

2. 软件的安装

天正软件–电气系统的正式商品以光盘的形式发行，安装之前请阅读说明文件。在安装天正软件–电气系统软件前，首先要确认计算机上已安装 AutoCAD 20××，并能够正常运行。运行天正软件光盘安装目录中的 setup.exe，按照安装步骤安装天正软件–电气系统，开始安装复制文件后，根据用户机器的配置情况需要 1~5min 方可安装完毕。

按照提示完成所有步骤后，结束安装。此时会形成"天正软件"工作组，工作组中包含天正软件–电气系统图标及其他相关的图标，桌面上同时有天正软件–电气系统的快捷图标，双击该图标即可运行天正软件–电气系统。

特别注意，如果安装了新的 AutoCAD 20×× 兼容版本，那么上一次安装的天正软件–电气系统图标并不能自动转到新的 AutoCAD 20×× 上，用户可以重新安装天正软件–电气系统，但是不选择任何部件，只是让安装程序重新设置好新的环境。如果用户安装了多个 AutoCAD 20××，那么天正软件–电气系统会安装在每个 AutoCAD 20×× 上。

二、启动系统

启动"天正电气 2014"软件，进入系统。

方法一：双击桌面图标，进入系统。

方法二：选择"开始"→"程序"→"T20 天正电气软件 T20-Elec"→"T20 天正电气软件"命令，如图 1-3-1 所示。

三、初始设置（options）

菜单位置："工具"→"选项"。

快捷键：Alt+T+N。

功能：设置绘图中图块尺寸、导线粗细、文字字形、字高和宽高比等初始信息。

图 1-3-1　启动路径

1. 显示设置

选择"工具"→"选项"命令，屏幕上出现图1-3-2所示的"选项"对话框，选择"显示"选项卡，进入显示设置界面，如图1-3-3所示。

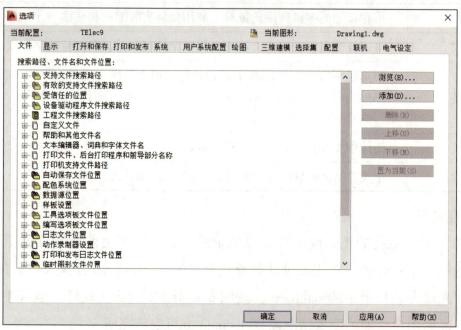

图1-3-2 "选项"对话框

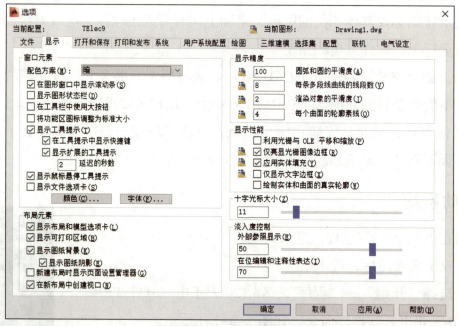

图1-3-3 显示设置界面

系统默认光标一般很小，导致画图时不能找准位置，进而降低作图速度。滑动"十字光标大小"选项组中的滑块，即可调整光标大小，如图1-3-4所示。

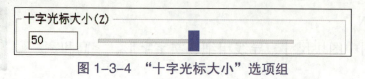

图1-3-4 "十字光标大小"选项组

设置完成后单击"确定"按钮,此时光标如图 1-3-5 所示,如此就能将光标作为位置依据,提高画图速度。

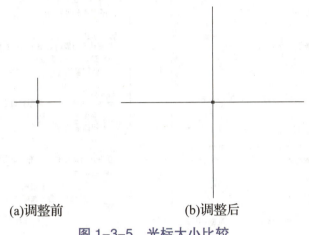

(a)调整前　　　　　(b)调整后

图 1-3-5　光标大小比较

2. 用户系统配置

第一步:在图 1-3-2 所示的"选项"对话框中,选择"用户系统配置"选项卡,进入用户系统配置界面,如图 1-3-6 所示。

图 1-3-6　用户系统配置界面

第二步:单击"自定义右键单击"按钮,弹出"自定义右键单击"对话框,如图 1-3-7 所示。

第三步:取消"打开计时右键单击"复选框的勾选,依次修改默认模式为"重复上一个命令",编辑模式为"快捷菜单",命令模式为"确认",如图 1-3-8 所示。最后单击"确认"按钮,完成修改。

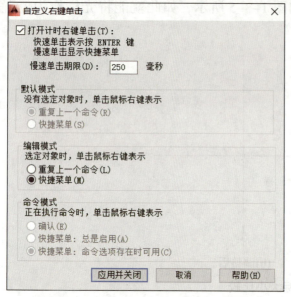

图 1-3-7 "自定义右键单击"对话框

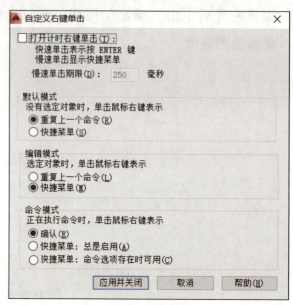

图 1-3-8 右键设置

3. 电气设定

在图 1-3-2 所示的"选项"对话框中,选择"电气设定"选项卡,进入电气设定界面,如图 1-3-9 所示。

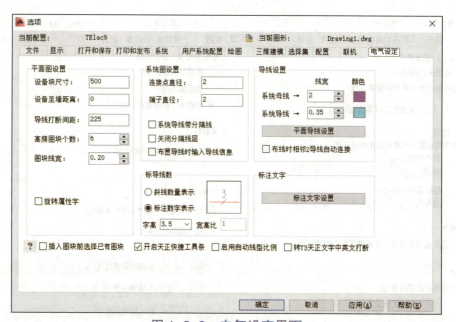

图 1-3-9 电气设定界面

利用此界面可以对绘图时的一些默认值进行修改,其中各选项说明如下。

（1）平面图设置

1)"设备块尺寸":用于设定图中插入设备图块时图块的大小。这个数字实际上是该图块的插入比例。

2)"设备至墙距离":设定沿墙插设备块命令中设备至墙线距离的默认尺寸（图中实际尺寸）。

3)"导线打断间距":设定导线在执行"打断"命令时距离设备图块和导线的距离(图中实际尺寸)。

4)"高频图块个数":系统自动记忆用户最后使用的图块,并将其置于界面最上端方便用户及时找到。该值默认为6,可根据个人使用情况调整。如图1-3-10所示,图库开关设备中第一行显示的6个图块并不是开关设备,而是最近常用的6个图块。

5)"图块线宽":调整平面设备图块线宽。

6)"旋转属性字":默认为否,即程序在旋转带属性字的图块时,属性字保持0°。例如,电话插座在平面图沿墙布置后,"TP"始终保持面向看图人。

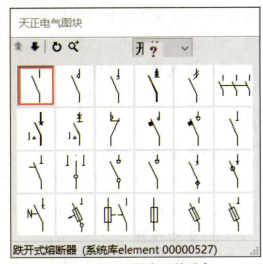

图1-3-10 图库开关设备

（2）系统图设置

1)"连接点直径":为绘制导线连接点的直径,其数值是出图时的实际尺寸。

2)"端子直径":为绘制固定或可拆卸端子的直径,其数值是出图时的实际尺寸。

3)"系统导线带分隔线":此设定可控制系统导线绘制分隔线的默认设定。此外,也影响自动生成的系统图导线是否画分隔线。

4)"关闭分隔线层":分隔线主要应用于系统图导线的绘制,可起到图面元件对齐的作用,在出图时,可勾选"关闭分隔线层"复选框关闭该层。设置更改之后,单击"确定"按钮退出,此时图中已有的标注文字字形、元件名称、导线数标注式样将按新设置形式修改。

（3）标注文字

"标注文字"选项组中可以设置电气标注文字的样式、字高、宽高比。单击"标注文字设置"按钮,弹出图1-3-11所示的对话框。

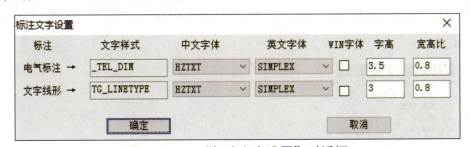

图1-3-11 "标注文字设置"对话框

1)"文字样式":用于选择标注文字的样式。天正自动提供"_TEL_DIM""TG_LINETYPE"样式。

2)"字高":用于设定所标注文字的大小。

3)"宽高比":设定标注文字的字宽和字高的比例,用来调整字的宽度。

（4）导线设置

"系统母线""系统导线":用来设定系统图导线的宽度、颜色。设定颜色可以单击"颜色选定"按钮，便会弹出"颜色设置"对话框，此对话框与在 AutoCAD 命令中调用的"颜色设置"对话框完全相同。注意，如需要绘制细导线，将线宽设为 0 即可。系统图元件的宽度默认设定为"系统导线"的宽度。

"平面导线设置"：单击该按钮后，弹出"平面导线设置"对话框，用以对平面导线进行设置。

（5）标导线数设置

"标导线数"选项组中的两个单选按钮用于选择导线数表示符号的样式。这主要是对于 3 根导线的情况而言的，可以用 3 条斜线表示 3 根导线，也可以用标注的数字来表示。

（6）其他设置

"插入图块前选择已有图块"：保留 3.× 版的绘图习惯，除"任意布置"命令外，其他平面布置命令在执行后首先提示用户选择图中已有图块，可提高绘图速度。

"开启天正快捷工具条"：用于设置是否在屏幕上显示天正快捷工具条。

"转 T3 天正文字中英文打断"：天正图纸转 T3 格式时，是否将天正文字中英文打断为两个单独的文字。

设置更改之后，单击"确定"按钮退出，图中已有的标注文字字形、元件名称、导线数标注式样将按新设置形式修改。

四、图形界限

菜单位置："格式"→"图形界限"，如图 1-3-12 所示。

快捷键：Alt+O+I。

设定图形界限主要是为了能够减少画图时放大和缩小的机会，从而提高画图的速度。另外，如果用户的图形是画在界限外的，则显示不出来。选取左下角的 <0.0> 点是为了图线出错时查错方便。用户也可以不限 <0.0> 点。不设置图形界限也不会影响用户完成画图的任务，如图 1-3-13 所示。

图 1-3-12　设置图形界限界面

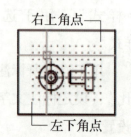

图 1-3-13　图形界限

五、绘图工具

菜单位置:"工具"→"工具栏"→"AutoCAD"→"绘图",如图 1-3-14 所示。

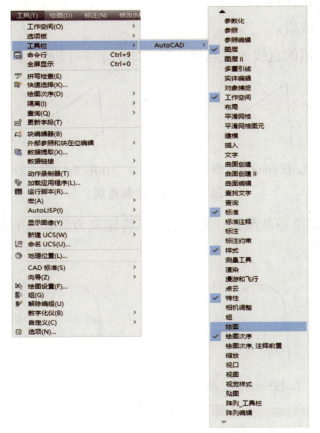

图 1-3-14　打开绘图工具栏的操作

快捷键:Alt+T+I。

绘图工具栏如图 1-3-15 所示。

图 1-3-15　绘图工具栏

(一) 直线 ╱ ——创建直线段

命令:LINE(L)。

1. 概要

使用 LINE 命令,可以创建一系列连续的直线段。每条线段都是可以单独进行编辑的直线对象,如图 1-3-16 所示。

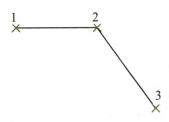

图 1-3-16　直线对象

2. 提示列表

将显示以下提示：

1）指定第一个点/下一个点。

2）指定点以绘制直线段。

3）继续。从最近绘制的直线的端点延长它，如图1-3-17所示。

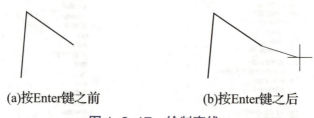

(a)按Enter键之前　　　　　　(b)按Enter键之后

图1-3-17　绘制直线

如果最近绘制的对象是一条圆弧，则它的端点将定义为新直线的起点，并且新直线与该圆弧相切，如图1-3-18所示。

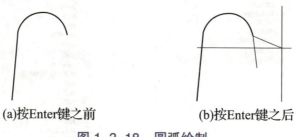

(a)按Enter键之前　　　　　　(b)按Enter键之后

图1-3-18　圆弧绘制

3. 关闭

以第一条线段的起始点作为最后一条线段的端点，形成一个闭合的线段环。在绘制了一系列线段（两条或两条以上）之后，可以使用"闭合"选项（输入c）闭合线段，如图1-3-19所示。

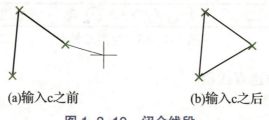

(a)输入c之前　　　　　　(b)输入c之后

图1-3-19　闭合线段

4. 放弃

删除直线序列中最近绘制的线段如图1-3-20所示。

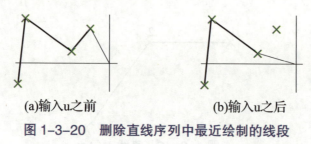

(a)输入u之前　　　　　　(b)输入u之后

图1-3-20　删除直线序列中最近绘制的线段

多次输入 u 按绘制次序的逆序逐个删除线段。

(二) 构造线 ——创建无限长的构造线

命令：XLINE（XL）。

1. 概要

构造线对于创建构造线和参照线，以及修剪边界十分有用。构造线如图 1-3-21 所示。

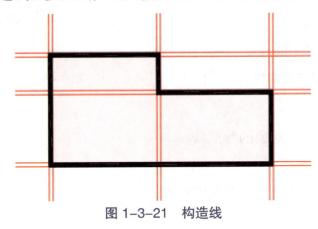

图 1-3-21　构造线

2. 提示列表

将显示以下提示：

1）点。

2）用无限长直线所通过的两点定义构造线的位置。将创建通过指定点的构造线，如图 1-3-22 所示。

3. 水平

水平：创建一条通过选定点的水平参照线。如图 1-3-23 所示，将创建平行于 X 轴的构造线。

图 1-3-22　创建通过指定点的构造线

图 1-3-23　创建平行于 X 轴的构造线

4. 垂直

垂直：创建一条通过选定点的垂直参照线。如图 1-3-24 所示，将创建平行于 Y 轴的构造线。

图 1-3-24　创建平行于 Y 轴的构造线

5. 角度

角度：以指定的角度创建一条参照线，如图 1-3-25 所示。其用于指定放置直线的角度，或指定与选定参照线之间的夹角。此角度从参照线开始按逆时针方向测量。

6. 二等分

二等分：创建一条参照线，它经过选定的角顶点，并且将选定的两条线之间的夹角平分。此构造线位于由 3 个点确定的平面中，如图 1-3-26 所示。

图 1-3-25　构造线角度

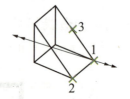

图 1-3-26　二等分构造线

7. 偏移

偏移：创建平行于另一个对象的参照线。

8. 偏移距离

偏移距离：指定构造线偏离选定对象的距离。

9. 通过

通过：创建从一条直线偏移并通过指定点的构造线。

（三）其他

若需更详细了解每个工具的使用说明，可将鼠标指针放置在该工具上，然后按 F1 键，获得该工具的说明，如图 1-3-27 所示。

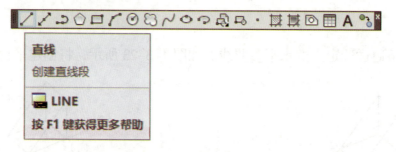

图 1-3-27　获取工具说明

1. 二维多段线　——创建二维多段线

二维多段线是由直线段和圆弧段组成的单个对象，如图 1-3-28 所示。

命令：PLINE（PL）。

二维多段线是作为单个平面对象创建的相互连接的线段序列。可以创建直线段、圆弧段或两者的组合线段。注意，临时的加号形状的标记显示在第一个点处，此标记在创建长而复杂的多段线时很有用。当完成多段线时，它将被删除。

PLINEGEN 系统变量控制二维多段线顶点周围线形

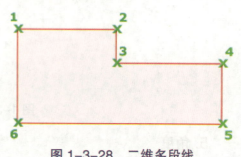

图 1-3-28　二维多段线

图案的显示和顶点的平滑度。将 PLINEGEN 设定为 0 可在各顶点处以点画线开始并以点画线结束绘制多段线，如图 1-3-29（a）所示。将 PLINEGEN 设定为 1 可在整条多段线的顶点周围生成连续图案的新多段线，如图 1-3-29（b）所示。PLINEGEN 不适用于带变宽线段的多段线。

(a)PLINEGEN设置为0　　　(a)PLINEGEN设置为1

图 1-3-29　PLINEGEN 设置效果

2. 等边闭合多段线 ⬠——创建等边闭合多段线

命令：POLYGON。

该命令可以指定多边形的各种参数，包含边数，显示了内接和外切选项间的差别，如图 1-3-30 所示。

3. 矩形 ▭——创建矩形多段线

命令：RECTANG。

该命令从指定的矩形参数创建矩形多段线（长度、宽度、旋转角度）和角点类型（圆角、倒角或直角），如图 1-3-31 所示。

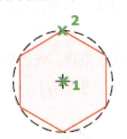  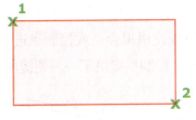

图 1-3-30　等边闭合多段线　　　　　　图 1-3-31　矩形

4. 圆弧 ⌒

命令：ARC（A）。

要绘制圆弧，可以指定圆心、端点、起点、半径、角度、弦长和方向值的各种组合形式。默认情况下，以逆时针方向绘制圆弧。按住 Ctrl 键的同时拖动，以顺时针方向绘制圆弧。

5. 圆 ◯

命令：CIRCLE（C）。

1）圆心：基于圆心和直径（或半径）绘制圆。

2）半径：定义圆的半径。输入值，或指定点。例如，圆的绘制如图 1-3-32 所示。

3）直径：定义圆的直径。输入值，或指定第二个点。例如，定义圆的直径，如图 1-3-33 所示。

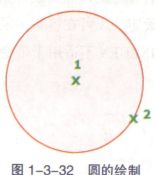
图1-3-32 圆的绘制

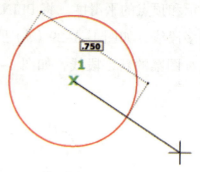
图1-3-33 直径的定义

6. 修订云线——使用多段线创建修订云线

命令: REVCLOUD。

该命令可以通过拖动光标创建新的修订云线,也可以将闭合对象(如椭圆或多段线)转换为修订云线。使用修订云线亮显要查看的图形部分,如图1-3-34所示。

注意,REVCLOUD 在系统注册表中存储上一次使用的弧长。在具有不同比例因子的图形中使用程序时,用 DIMSCALE 的值乘以此值来保持一致。

7. 平滑曲线——创建经过或靠近一组拟合点或由控制框的顶点定义的平滑曲线

命令: SPLINE。

SPLINE 创建称为非均匀有理 B 样条曲线(NURBS)的曲线,为简便起见,简称为样条曲线,如图1-3-35所示。

样条曲线使用拟合点或控制点进行定义。默认情况下,拟合点与样条曲线重合,而控制点定义控制框。控制框提供了一种便捷的方法,用来设置样条曲线的形状。每种方法都有其优点。

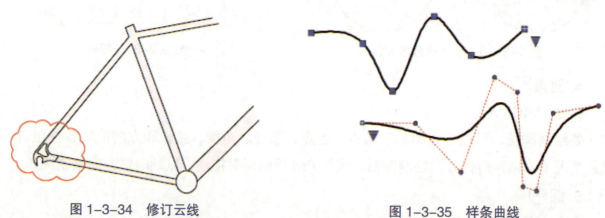

图1-3-34 修订云线　　　　　图1-3-35 样条曲线

要显示或隐藏控制点和控制框,应选择或取消选择样条曲线,或使用 CVSHOW 和 CVHIDE。但是,对于在 AutoCAD LT 中使用控制点创建的样条曲线,仅可通过选择样条曲线来显示控制框。

8. 椭圆或椭圆弧

命令: ELLIPSE。

椭圆上的前两个点确定第一条轴的位置和长度,第三个点确定椭圆的圆心与第二条轴的端点之间的距离，如图1-3-36所示。

1）圆弧：创建一段椭圆弧。

第一条轴的角度确定了椭圆弧的角度。第一条轴可以根据其大小定义长轴或短轴。

椭圆弧上的前两个点确定第一条轴的位置和长度，第三个点确定椭圆弧的圆心与第二条轴的端点之间的距离，第四个点和第五个点确定起点和端点角度，如图1-3-37所示。

2）轴端点：定义第一条轴的起点。

3）旋转：通过绕第一条轴旋转定义椭圆的长轴短轴比例。该值（0°~89.4°）越大，短轴对长轴的比例就越大。89.4°~90.6°的值无效，因为此时椭圆将显示为一条直线。这些角度值的倍数将每隔90°产生一次镜像效果。

4）起点角度：定义椭圆弧的第一端点。"起点角度"选项用于从参数模式切换到角度模式。模式用于控制计算椭圆的方法。起点角度如图1-3-38所示。

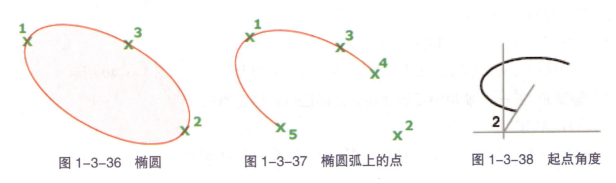

图1-3-36　椭圆　　　　图1-3-37　椭圆弧上的点　　　　图1-3-38　起点角度

9. 插入块 ——将块或图形插入当前图形中

命令：INSERT。

建议插入块库中的块。块库可以是存储相关块定义的图形文件，也可以是包含相关图形文件（每个文件均可作为块插入）的文件夹。无论使用何种方式，块均可标准化并供多个用户访问。

用户可以插入自己的块，也可以使用设计中心或工具选项板中提供的块。

10. 创建块 ——从选定的对象中创建一个块定义

命令：BLOCK。

通过选择对象、指定插入点然后为其命名，可创建块定义。

11. 点 ——创建点对象

命令：POINT。

点对象可以作为捕捉对象的节点。可以指定某一点的二维和三维位置。如果省略Z坐标值，则假定为当前标高。PDMODE和PDSIZE系统变量控制点对象的外观。

可以使用MEASURE和DIVIDE沿对象创建点。使用DDPTYPE可以指定点大小和样式，如图1-3-39所示。

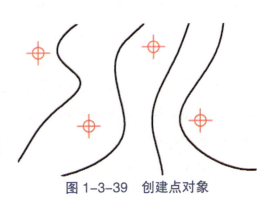

图1-3-39　创建点对象

12. 图形填充 ▨ ——使用填充图案、实体填充或渐变填充来填充封闭区域或选定对象

命令：HATCH。

如果功能区处于活动状态，将显示"图案填充创建"上下文选项卡。如果功能区处于关闭状态，将显示"图案填充和渐变色"对话框。如果用户希望使用"图案填充和渐变色"对话框，可将 HPDLGMODE 系统变量设置为 1。

如果在命令提示状态下输入"-HATCH"，将显示选项。

注意，要避免内存和性能问题，在单个图案填充操作中创建的图案填充线的最大数目是有限的，但可以使用 HPMAXLINES 系统变量来更改图案填充线的最大数目。

图形填充步骤如下：

1）从多种方法中进行选择以指定图案填充的边界。

2）指定对象封闭的区域中的点。

3）选择封闭区域的对象。

4）使用"-HATCH"绘图选项指定边界点。

5）将填充图案从工具选项板或设计中心拖动到封闭区域，效果如图 1-3-40 所示。

13. 渐变色 ▨ ——使用渐变填充填充封闭区域或选定对象

命令：GRADIENT。

渐变填充创建一种或两种颜色间的平滑转场，如图 1-3-41 所示。

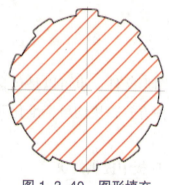

图 1-3-40 图形填充

图 1-3-41 渐变填充效果

如果功能区处于活动状态，将显示"图案填充创建"上下文选项卡。如果功能区处于关闭状态，将显示"图案填充和渐变色"对话框。如果用户希望使用"图案填充和渐变色"对话框，可将 HPDLGMODE 系统变量设置为 1。

14. 面域 ▢ ——将封闭区域的对象转换为二维面域对象

命令：REGION。

面域是指用户从对象的闭合平面环创建的二维区域。有效对象包括多段线、直线、圆弧、圆、椭圆弧、椭圆和样条曲线。每个闭合的环将转换为独立的面域。面域中不允许交叉交点和自交曲线的存在。

如果未将 DELOBJ 系统变量设置为 0（零），REGION 将在将原始对象转换为面域之后删除

这些对象。如果原始对象是图案填充对象,那么图案填充的关联性将丢失。要恢复图案填充关联性,应重新填充此面域。

在将对象转换至面域后,可以使用求并、求差或求交操作将它们合并到一个复杂的面域中,如图 1-3-42 所示。

用户也可以使用 BOUNDARY 命令创建面域。

15. 表格 ——创建空的表格对象

命令:TABLE。

表格是在行和列中包含数据的复合对象。可以通过空的表格或表格样式创建空的表格对象,也可以将表格链接至 Microsoft Excel 电子表格中的数据,如图 1-3-43 所示。

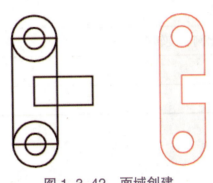

图 1-3-42　面域创建

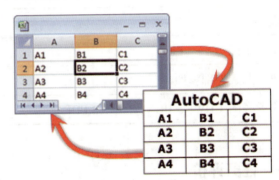

图 1-3-43　表格对象的对象

如果在功能区处于活动状态时选择表格单元,将显示"表格"功能区上下文选项卡。

16. 多行文字 A ——创建多行文字对象

命令:MTEXT。

可以将若干文字段落创建为单个多行文字对象。使用内置编辑器,可以格式化文字外观、列和边界。

如果功能区处于活动状态,指定对角点之后,将显示"文字编辑器"功能区上下文选项卡。如果功能区未处于活动状态,则将显示在位文字编辑器。

如果指定其他某个选项,或在命令提示下输入"-MTEXT",则 MTEXT 将忽略在位文字编辑器,显示其他命令提示。

17. 添加选定对象 ——创建一个新对象

创建的对象与选定对象具有相同的类型和常规特性,但具有不同的几何值。

命令:ADDSELECTED。

选择对象后,系统将提示用户为新对象指定几何值,如起点、大小和位置。例如,如果选择一个圆,则新圆将采用选定圆的颜色和图层,但用户需指定新的中心点和半径。

某些对象具有受支持的特殊特性,如表 1-3-3 所示。

表 1-3-3　某些对象支持的特殊特性

对象类型	ADDSELECTED 支持的特殊特性
渐变色	渐变色名称、颜色 1、颜色 2、渐变色角度、居中
文字、多行文字、属性定义	文字样式、高度
标注（线性、对齐、半径、直径、角度、弧长和坐标）	标注样式、标注比例
公差	标注样式
引线	标注样式、标注比例
多重引线	多重引线样式、全局比例
表	表格样式
图案填充	图案、比例、旋转
块参照、外部参照	名称
参考底图（DWF、DGN、图像和 PDF）	名称

任务评价

根据学习情况对知识和工作过程进行评估，对照表 1-3-4 逐一检查所学知识点，并如实在表 1-3-5 中做好记录。

表 1-3-4　知识点检查记录表

检查项目	理解概念		回忆		复述		存在的问题
	能	不能	能	不能	能	不能	
软件启动							
初始化设置							
工具菜单							

表 1-3-5　工作过程评估表

确定的目标		1	2	3	4	5	观察到的行为
专业能力	有效沟通						
	测量工具使用						
方法能力	收集信息						
	查阅资源						
社会能力	相互协作						
	同学及老师的支持						

续表

确定的目标		1	2	3	4	5	观察到的行为
个人能力	执行力						
	做事的专注能力						
注：在对应的数字下面打"√"，1—优秀，2—良好，3—合格，4—基本合格，5—不合格							

拓展练习

1. 请尝试运用工具菜单中的工具绘制自己喜欢的图形。

2. 记忆工具菜单中工具的快捷键。

子任务二　绘制墙体

任务实施

1）在 D 盘以学号为文件名建立文件夹，以便保存所有项目文件。

2）运行软件，以学号为文件名新建图形样板（*.dwt），如×××.dwt，并保存在1）所建文件夹中。

3）对2）所建图形样板进行初始设置。要求：

①显示设置，二维空间模型背景颜色白色；十字光标大小设为 50。

②用户系统配置，自定义右击，即没有选定对象时右击表示重复上一个命令，选定对象时右击表示弹出快捷菜单，正在执行命令时右击表示确认。

③电气设定，高频图块个数 6；系统线线 2；系统导线 0.5；字高 3.5，宽高比 1；标导线数用斜线数量表示。

4）图形界限：左下角点 <0,0>，右上角点 <28500,27200>。

图形限的命令：_____。

5）绘制矩形：左下角点 <0,0>，右上角点 <28500,27200>，如图 1-3-44 所示。

矩形的命令：_____。

图 1-3-44　绘制矩形

6）利用构造线绘制参考线，如图 1-3-45 所示。

构造线的命令：_____。

注意观察当输入"xline"命令后，分别输入"H""V"等构造线的变化情况。

输入"H"时，构造线呈_____（水平/竖直）；输入"V"时，构造线呈_____（水平/竖直）。

构造线的尺寸标注。

①逐点标注。

命令：_____。

菜单："_____"→"_____"。

②快速标注。

命令：_____。

菜单："_____"→"_____"。

绘制并标注完成的构造线如图 1-3-45 所示。

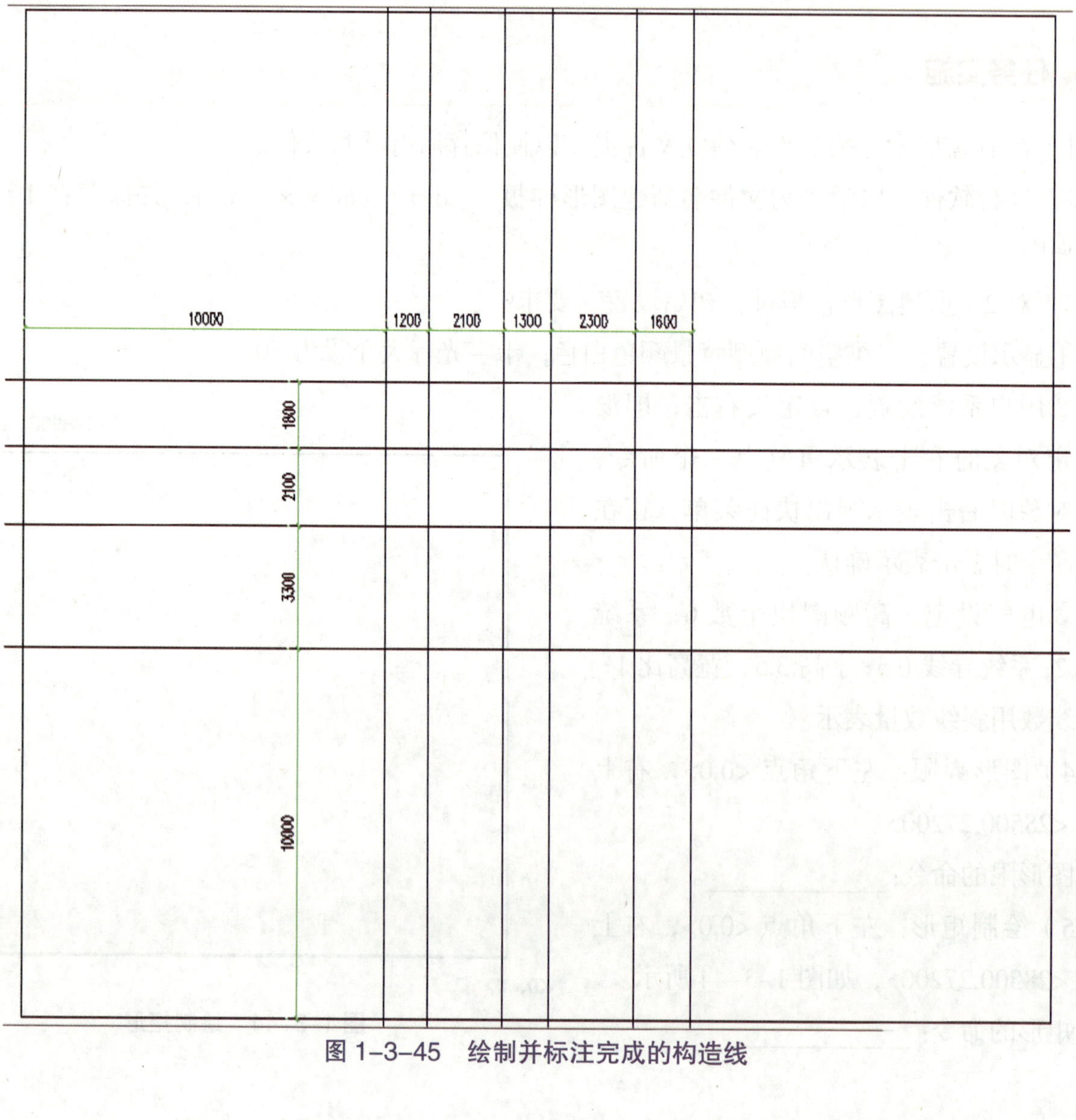

图 1-3-45　绘制并标注完成的构造线

7）利用屏幕菜单（天正电气）中建筑子菜单中的"绘制墙体"工具绘制墙体结构。

①命令：_____。

②菜单："_____"→"_____"。

③墙体设置，如图 1-3-46 所示。

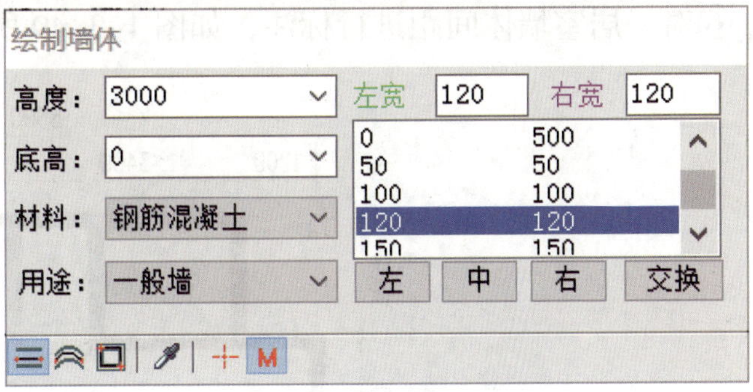

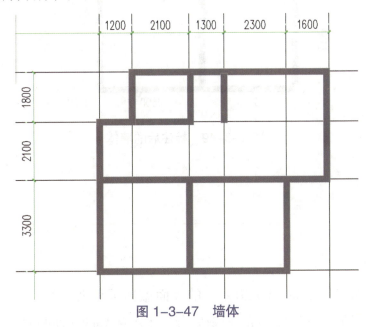

图 1-3-46 墙体设置

④根据构造线绘制墙体，如图 1-3-47 所示。

图 1-3-47 墙体

⑤删除构造线和构造线的标注，如图 1-3-48 所示。

方法：选中要删除构造线或构造线标注，按 Delete 键。

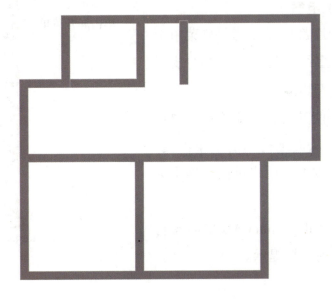

图 1-3-48 无标注墙体

⑥对一居室墙体间距进行标注,如图1-3-49所示。

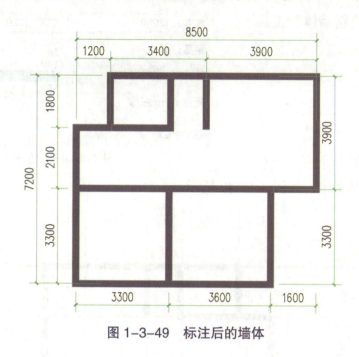

图 1-3-49　标注后的墙体

知识链接

一、用户界面

天正软件-电气系统对AutoCAD 20××的界面做出了重大补充。保留AutoCAD 20××的所有下拉菜单和图标菜单,不加以补充或修改,从而保持AutoCAD的原汁原味。天正建立自己的菜单系统,包括屏幕菜单和快捷菜单,天正的菜单源文件是tch.tmn,编译后的文件是tch.tmc。

1. 屏幕菜单（天正电气）

天正的所有功能调用都可以在其屏幕菜单上找到,以树状结构调用多级子菜单。菜单分支以 ▶ 示意,当前菜单的标题以 ▼ 示意。所有的分支子菜单都可以通过单击使其变为当前菜单,也可以通过右击弹出菜单,从而维持当前菜单不变。大部分菜单项有图标,以方便用户更快地确定菜单项的位置（图1-3-50）。

当光标移到菜单项上时,AutoCAD的状态行就会出现该菜单项功能的简短提示。

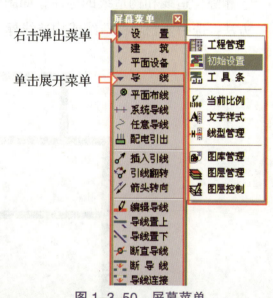

图 1-3-50　屏幕菜单

项目一 —居室电气系统识图与绘制

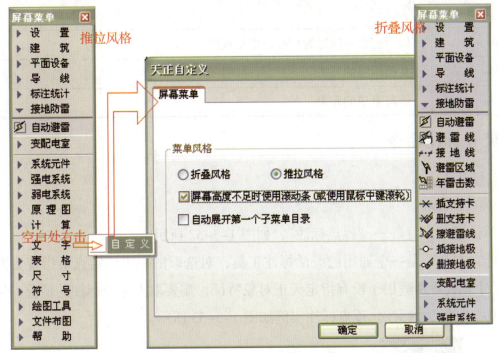

图 1-3-51 自定义菜单风格

提示：

1）对于屏幕分辨率小于 1024 像素 ×768 像素的用户所存在的菜单显示不完全的现象，天正特别设置了可由用户自定义的不同展开风格菜单，在天正菜单空白处右击，在弹出的快捷菜单中选择"自定义"命令，在弹出的"天正自定义"对话框中进行选择即可。

2）如果菜单被关闭，使用热键 Ctrl++ 或 Ctrl+F12 重新打开。

3）右击菜单，在弹出的快捷菜单中选择"实时助手"命令，自动弹出本命令的帮助文档。

4）如果屏幕菜单显示不全，可以使用鼠标滚轮来实现屏幕菜单的滚动显示。

2. 热键

天正软件中有若干热键，以加速常用操作的应用速度。表 1-3-5 为常用热键的定义。

表 1-3-5 常用热键的定义

F1	帮助文件的切换键
F2	屏幕的图形显示与文本显示的切换键
F3	对象捕捉开关
F6	状态行的绝对坐标与相对坐标的切换键
F7	屏幕的栅格点显示状态的切换键
F8	屏幕光标正交状态的切换键
F9	屏幕的光标捕捉（光标模数）的开关键
F11	对象追踪的开关键

续表

Tab	以当前光标位置为中心，缩小视图
Ctrl+-	文档标签的开关
Ctrl++	屏幕菜单的开关

二、尺寸标注命令

1. 逐点标注

1）命令：TDimMP。

2）菜单位置："尺寸"→"逐点标注"，如图1-3-52所示。

3）功能：本命令是一个通用的灵活标注工具，对选取的一串给定点沿指定方向和选定的位置标注尺寸。其特别适用于没有指定天正对象特征，需要取点定位标注的情况，以及其他标注命令难以完成的尺寸标注。逐点标注实例如图1-3-53所示。

图1-3-52 "逐点标注"选择

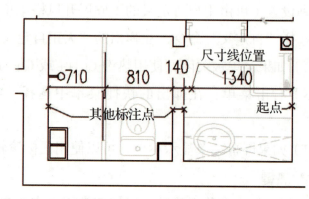

图1-3-53 逐点标注实例

执行本命令，命令行依次提示如下。

1）请输入起点或{参考点"R"}<退出>：点取第一个标注点作为起始点。

2）请输入第二个标注点<退出>：点取第二个标注点。

3）请点取尺寸线位置或{更正尺寸线方向"D"}：这时动态拖动尺寸线给点，使尺寸线就位或输入"D"通过选取一条线来确定尺寸线方向。

4）请输入其他标注点<退出>：逐点给出标注点，按Enter键结束。

5）请输入其他标注点<退出>：反复提示，按Enter键结束。

2. 快速标注

1）命令：TQuickDim。

2）菜单位置："尺寸"→"快速标注"，如图1-3-54所示。

3）功能：本命令类似 AutoCAD 的同名命令，适用于天正对象，特别适用于选取平面图后快速标注外包尺寸线，不过其在非正交外墙角处存在少量误差。

执行本命令，命令行提示如下。

1）选择要标注的几何图形：选取天正对象或平面图。

2）选择要标注的几何图形：选取其他对象或按 Enter 键结束。

3）请指定尺寸线位置或"整体（T）/连续（C）/连续加整体（A）"<整体>：选项中整体是从整体图形创建外包尺寸线，连续是提取对象节点创建连续直线标注尺寸，连续加整体是两者同时创建。

选取整个平面图（默认为整体标注），下拉完成外包尺寸线标注，输入"C"可标注连续尺寸线，如图 1-3-55 所示。

图 1-3-54 "快速标注"选择

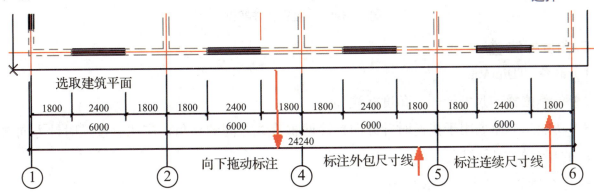

图 1-3-55 快速标注实例

3. 半径标注

1）命令：TDimRad。

2）菜单位置："尺寸"→"半径标注"。

3）功能：本命令用于在图中标注弧线或圆弧墙的半径，尺寸文字容纳不下时，会按照制图标准规定，自动引出标注在尺寸线外侧。

点取本命令后，命令行提示如下内容。

请选择待标注的圆弧或弧墙<退出>：此时点取圆弧上任一点，即在图中标注好半径。图 1-3-56 为半径标注实例。

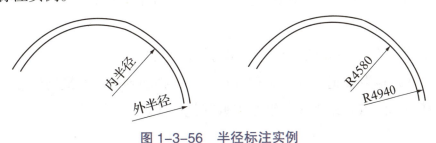

图 1-3-56 半径标注实例

4. 直径标注

1）命令：TDimDia。

2）菜单位置："尺寸"→"直径标注"。

3）功能：本命令用于在图中标注弧线或圆弧墙的直径，尺寸文字容纳不下时，会按照制图标准规定，自动引出标注在尺寸线外侧。

执行本命令，命令行提示如下。

请选择待标注的圆弧＜退出＞：此时点取圆弧上任一点，即在图中标注直径。图1-3-57为直径标注的两个实例。

图1-3-57 直径标注实例

5. 角度标注

1）命令：TDimAng。

2）菜单位置："尺寸"→"角度标注"。

3）功能：本命令用于按逆时针方向标注两根直线之间的夹角，应注意按逆时针方向选择要标注的直线的先后顺序。

执行本命令，命令行提示如下。

1）请选择第一条直线＜退出＞：在标注位置点取第一根线。

2）请选择第二条直线＜退出＞：在任意位置点取第二根线。

注意，一般要求标注内角（<180°）时应按逆时针选择线的顺序，可以使用夹点调整定位点，以及更改开间。

6. 弧长标注

1）命令：TDimArc。

2）菜单位置："尺寸"→"弧长标注"。

3）功能：本命令用于以国家建筑制图标准规定的弧长标注画法分段标注弧长，保持整体的一个角度标注对象，可在弧长、角度和弦长3种状态下相互转换。

执行本命令，命令行提示如下。

1）请选择要标注的弧段：点取准备标注的弧墙、弧线。

2）请点取尺寸线位置＜退出＞：类似逐点标注，拖动到标注的最终位置。

3）请输入其他标注点＜结束＞：继续点取其他标注点。

……

4）请输入其他标注点＜结束＞：按Enter键结束。

三、绘制墙体

1）命令：TWall。

2）菜单："建筑"→"绘制墙体"，如图1-3-58所示。

3）材料选择：在弹出的"绘制墙体"对话框中输入墙高、墙厚和底高等，材料选择如图1-3-59所示。

4）用途选择：根据实际情况进行选择，如图1-3-60所示。

图1-3-58 "绘制墙体"选择

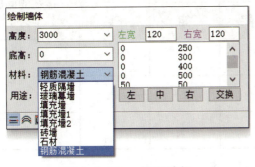

图1-3-59 材料选择

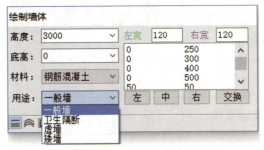

图1-3-60 用途选择

5）说明：墙体是天正建筑软件中的核心对象，它模拟实际墙体的专业特性构建而成，因此可实现墙角的自动修剪、墙体之间按材料特性连接、与柱子和门窗互相关联等智能特性，并且墙体是建筑房间的划分依据，因此理解墙对象的概念非常重要。墙对象不仅包含位置、高度、厚度这样的几何信息，还包含墙类型、材料、内外墙这样的内在属性。墙体用途与特性如下。

①一般墙：包括建筑物的内外墙，参与按材料的加粗和填充。

②虚墙：用于空间的逻辑分隔，以便于计算房间面积。

③卫生隔断：卫生间洁具隔断用的墙体或隔板，不参与加粗填充与房间面积计算。

④矮墙：表示在水平剖切线以下的可见墙（如女儿墙），不会参与加粗和填充。矮墙的优先级低于其他所有类型的墙，矮墙之间的优先级由墙高决定，但依然受墙体材料影响，因此希望定义矮墙时，各矮墙事先都选择同一种材料。

⑤墙高：如图1-3-61所示。

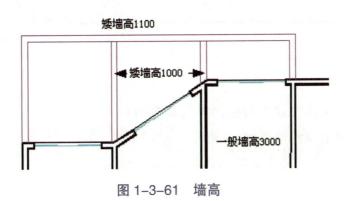

图1-3-61 墙高

任务评价

根据学习情况对知识和工作过程进行评估，对照表 1-3-6 逐一检查所学知识点，并如实在表 1-3-7 中做好记录。

表 1-3-6 知识点检查记录表

检查项目	理解概念		回忆		复述		存在的问题
	能	不能	能	不能	能	不能	
热键的应用							
尺寸标注							
绘制墙体							

表 1-3-7 工作过程评估表

确定的目标		1	2	3	4	5	观察到的行为
专业能力	有效沟通						
	测量工具使用						
方法能力	收集信息						
	查阅资源						
社会能力	相互协作						
	同学及老师的支持						
个人能力	执行力						
	做事的专注能力						

注：在对应的数字下面打"√"，1—优秀，2—良好，3—合格，4—基本合格，5—不合格

 拓展练习

1. 请尝试运用工具菜单中的工具绘制自己喜欢的图形。
2. 记忆工具菜单中工具的快捷键。

子任务三　绘制门窗

任务实施

1）打开子任务二所绘制的墙体，如图 1-3-62 所示。

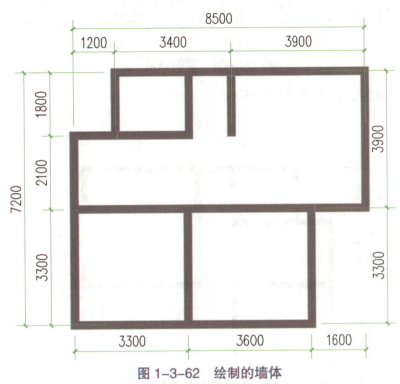

图 1-3-62　绘制的墙体

2）利用屏幕菜单（天正电气）中的"建筑"子菜单中"门窗"工具进行设置。

①命令：_____。

②菜单："_____"→"_____"。

③门的设置，如图 1-3-63 所示。

图 1-3-63　门的设置

④窗的设置，如图1-3-64所示。

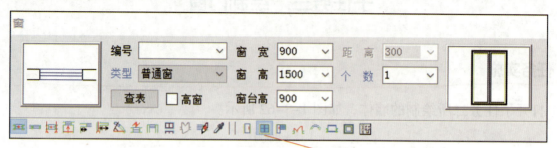

选择窗，进入窗门的设置对话框

图1-3-64 窗的设置

⑤插入门窗后的效果，如图1-3-65所示。

图1-3-65 插入门窗后的效果

⑥删除门窗的标注，如图1-3-66所示。

图1-3-66 删除门窗的标注

3）对房间进行文字标注，如图1-3-67所示。

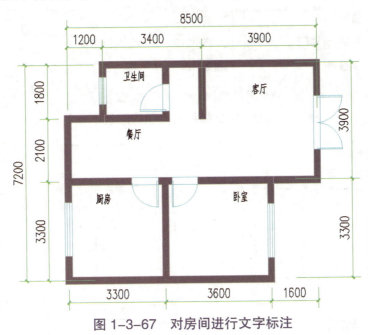

图1-3-67　对房间进行文字标注

知识链接

一、绘制门窗

1）命令：TOpening。

2）菜单："建筑"→"门窗"，如图1-3-68所示。

3）绘制门。

①输入命令，弹出"门"对话框，单击图1-3-69所示的按钮，进行门的参数、类型等的设置。

图1-3-68　"门窗"选择

单击此按钮

图1-3-69　门窗设置对话框

②将鼠标指针移到左边门的图标上，指针变成手的形状，如图1-3-70所示，单击进入天正图库管理系统，如图1-3-71所示，可在此选择所需要的门。

图 1-3-70 鼠标指针变成手的形状（一）

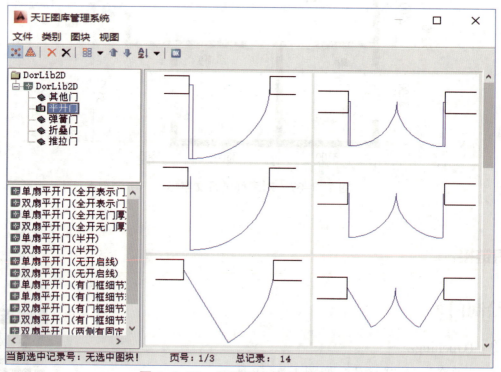

图 1-3-71 天正图库管理系统（一）

4）绘制窗户。

①输入命令，进入设置对话框，单击图 1-3-72 所示的按钮，进行窗户的参数、类型等的设置。

单击此按钮

图 1-3-72 窗的设置

②将鼠标指针移到左边窗的图标上，鼠标指针变成手的形状，如图 1-3-73 所示，单击进入天正图库管理系统，如图 1-3-74 所示，可在此选择所需要的窗。

图1-3-73 鼠标指针变成手的形状（二）

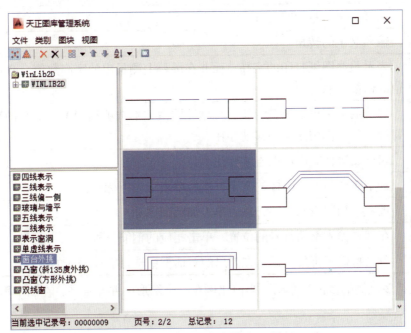

图1-3-74 天正图库管理系统（二）

二、添加单行文字标注

1）单行文字命令：TText。

2）菜单位置："文字"→"单行文字"，如图1-3-75所示。

3）功能：使用已经建立的天正文字样式，输入单行文字，可以方便设置上下标。

执行命令，屏幕弹出"单行文字"对话框，如图1-3-76所示。

图1-3-75 "单行文字"选择

图1-3-76 "单行文字"对话框

4）单行文字的输入。"单行文字"对话框中各选项的功能说明如表 1-3-8 所示。

表 1-3-8 "单行文字"对话框中各选项的功能说明

项目	功能
文字输入列表	可供输入文字符号；在列表中保存有已输入的文字，方便重复输入同类内容，在下拉选择其中一行文字后，该行文字复制到首行
文字样式	在下拉列表中选用已由 AutoCAD 或天正文字样式命令定义的文字样式
对齐方式	选择文字与基点的对齐方式
转角	输入文字的转角
字高	表示最终图纸打印的字高，而非在屏幕上测量出的字高数值，两者有一个绘图比例值的倍数关系
背景屏蔽	勾选后文字可以遮盖背景，如填充图案，本选项利用 AutoCAD 的 WipeOut 图像屏蔽特性，屏蔽作用随文字移动存在
连续标注	勾选后单行文字可以连续标注
上标、下标	选定需变为上、下标的文字，然后单击上、下标图标
加圆圈	选定需加圆圈的文字，然后单击加圆圈图标
钢筋符号	在需要输入钢筋符号的位置，单击相应的钢筋符号
其他特殊符号	单击特殊字符集图标，在弹出的对话框中选择需要插入的符号

注：天正软件支持多比例的多窗口布图，当前比例在一个图形中并非唯一，在图中不同的布图区域，可能使用不同的比例。

5）单行文字的编辑。单行文字属于自定义对象，不能采用 AutoCAD 标准的文本编辑命令进行修改，为此天正软件提供了方便的对象编辑工具：在位编辑和文字编辑。双击文字进入在位编辑状态，移动鼠标指针到编辑框外右击，即可调用单行文字的快捷菜单进行编辑，如图 1-3-77 所示；文字编辑需要选中单行文字，右击，即可在弹出的右键菜单中选择命令进入"单行文字"对话框进行编辑，如图 1-3-78 所示。

单行文字只有一个夹点，仅能用于位置移动。

图 1-3-77 在位编辑功能

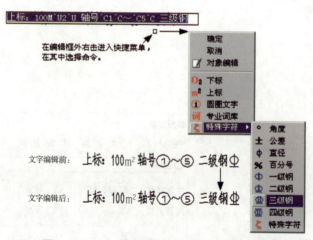

图 1-3-78 右键菜单的文字编辑功能

任务评价

根据学习情况对知识和工作过程进行评估，对照表 1-3-9 逐一检查所学知识点，并如实在表 1-3-10 中做好记录。

表 1-3-9　知识点检查记录表

检查项目	理解概念		回忆		复述		存在的问题
	能	不能	能	不能	能	不能	
文字标注							
尺寸标注							
绘制门窗							

表 1-3-10　工作过程评估表

确定的目标		1	2	3	4	5	观察到的行为
专业能力	有效沟通						
	测量工具使用						
方法能力	收集信息						
	查阅资源						
社会能力	相互协作						
	同学及老师的支持						
个人能力	执行力						
	做事的专注能力						

注：在对应的数字下面打"√"，1—优秀，2—良好，3—合格，4—基本合格，5—不合格

拓展练习

1. 请尝试运用工具菜单中的工具绘制自己喜欢的图形。
2. 记忆工具菜单中工具的快捷键。

子任务四　放置电气组件

任务实施

1）打开文件，将图形补充完整，如图1-3-79所示。

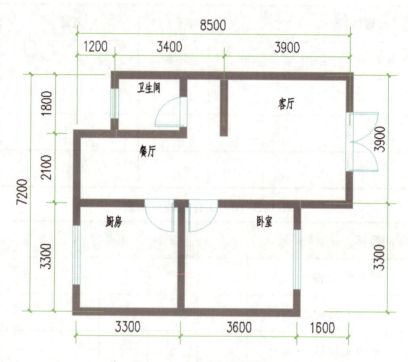

图 1-3-79　补充后的效果

2）放置照明配电箱，如图1-3-80所示。

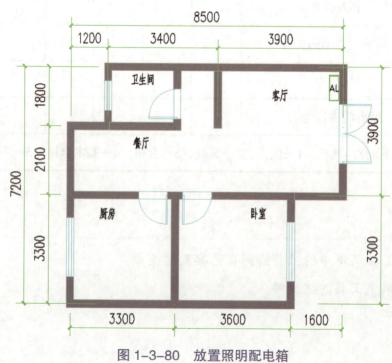

图 1-3-80　放置照明配电箱

3）放置灯具，如图 1-3-81 所示。

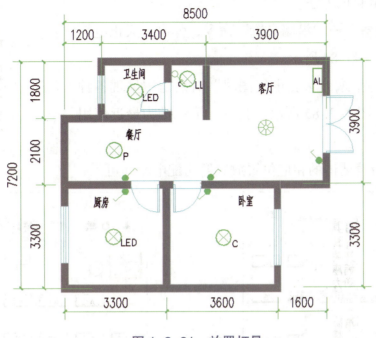

图 1-3-81 放置灯具

4）导线连接，如图 1-3-82 所示。

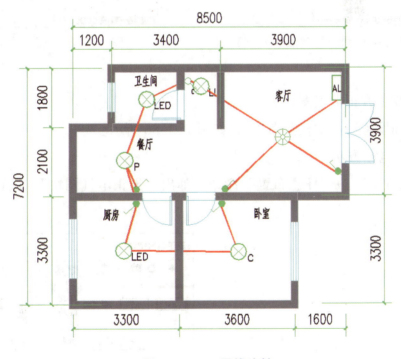

图 1-3-82 导线连接

知识链接

1. 放置照明配电箱

1）命令：YQBZ（方正电气图块）。

2）菜单："平面设备"→"沿墙布置"，如图1-3-83所示。

3）放置照明配电箱的方法。

①选择"平面设备"→"沿墙布置"命令，弹出"天正电气图块"对话框，如图1-3-84所示。

②选择"箱柜"选项，"天正电气图块"对话框中呈现各种配电箱和配电柜，如图1-3-85所示。其中，第一排为最近使用的电气组件。

③选择 AL ，沿着墙体的相应位置放置照明配电箱即可。

图1-3-83 平面设备选择菜单

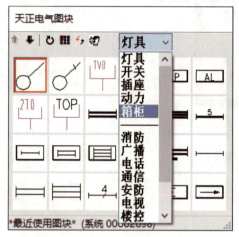

图1-3-84 "天正电气图块"对话框（一）

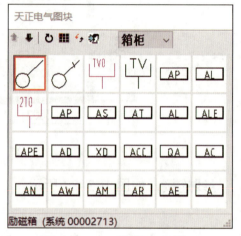

图1-3-85 箱柜内容显示

2. 放置灯具

1）命令：RYBZ（方正电气图块）。

2）菜单："平面设备"→"任意布置"，如图1-3-86所示。

3）放置照明配电箱方法。

①选择"平面设备"→"任意布置"命令，弹出"天正电气图块"对话框，如图1-3-87所示。

图1-3-86 放置灯具菜单

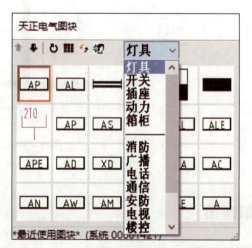

图1-3-87 "天正电气图块"对话框（二）

②选择"灯具"选项,"天正电气图块"对话框中呈现出各种灯具平面符号,如图1-3-88所示。可以通过上方下箭头翻页,如图1-3-89所示。

③选择合适的灯具放置到相应位置。

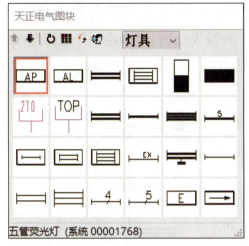

图1-3-88 灯具平面符号

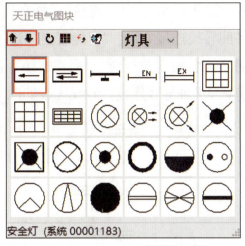

图1-3-89 灯具翻页效果

3. 平面导线

1)命令:PMBX(导线)。

2)菜单:"导线"→"平面布线",如图1-3-90所示。

3)功能:在平面图中绘制直导线连接各设备元件,同时在布线时带有轴锁功能。

在菜单上或右击选取本命令后,弹出图1-3-91所示的"设置当前导线信息"对话框。

图1-3-90 平面布线菜单

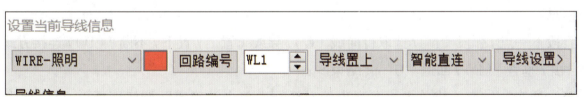

图1-3-91 "设置当前导线信息"对话框

该对话框的使用方法如下。

①"导线层选择"下拉菜单:用户可以通过对话框左上角的"导线层选择"下拉菜单选择所绘制导线的图层。在下拉菜单中包括WIRE-照明、WIRE-应急、WIRE-动力、WIRE-消防、WIRE-通信等几个导线层,用户可以在绘制导线的过程中随意选择和变更。

②"颜色"文本框:显示当前导线图层的颜色。

③"回路编号"按钮:单击时会弹出"回路编号"对话框,用户可以在该对话框的列表中选择回路编号,或在对话框下边的文本框中直接输入需要的回路编号,通过"增加+""删除-"按钮在列表中添加回路的数据以便下次选择,最后单击"确定"按钮就可以把回路编号输入到"回路编号"文本框。

④ "回路编号"文本框：可以输入设备和导线所在回路的编号，也可以通过旋转按钮控制回路编号，该编号为以后系统生成提供查询数据。

⑤ "导线置上/下""不断导线"下拉菜单：控制两相交导线的打断方式。

⑥ "智能直连""自由连接""垂直连接"下拉菜单（输入"F"，可进行快速切换）：控制两设备间导线连接方式。"智能直连"连接两设备最近的接线点。"自由连接"根据导线绘制路径，遇到设备时自动打断。"垂直连接"根据设备接线点及点选第二个设备位置，自动用两条垂直坐标 XY 轴导线连接。导线连接如图 1-3-92 所示。

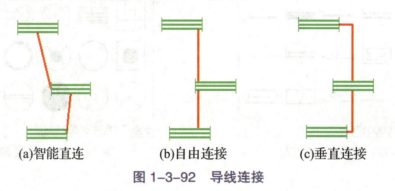

(a)智能直连　　　　(b)自由连接　　　　(c)垂直连接

图 1-3-92　导线连接

在导线的参数设置完成后，屏幕命令行提示如下。

请点取导线的起始点 < 退出 >：点取起始点后，会从起始点引出一条橡皮线，该橡皮线所演示的就是最后布线时导线的具体长度形状及位置。此时命令行会反复提示如下信息。

直段下一点 { 弧段 "A" / 选取行向线（G）/ 导线（置上 / 置下 / 不断）（D）/ 连接方式（智能 / 自由 / 垂直）（F）/ 回退 "U" }< 结束 >：在旋转橡皮线时是按一定角度围绕起始点转动角度的，可以选择平行于某参考线（行向线），这样做的目的是使施工图美观。同时命令行会反复提示如下信息。

直段下一点 { 弧段 "A" / 选取行向线（G）/ 导线（置上 / 置下 / 不断）（D）/ 连接方式（智能 / 自由 / 垂直）（F）/ 回退 "U" }< 结束 >：

至 < 回车 > 结束（或单击，在弹出的对话框中单击"确定"按钮即可）。可以输入"G"关闭或打开选择行向线功能。在操作过程中如果发现最后画的一段或几段导线有错误，可以输入"U"退回发生错误的前一步，输入"D"切换导线置上、置下或不断导线，输入"F"切换连线方式，然后继续绘图工作。如果在绘制过程需要从绘直线方式改变到绘弧线的方式，可以输入"A"，命令行提示如下信息。

弧段下一点 { 直段 "A" / 导线（置上，置下，不断）（D）/ 连接方式（智能 / 自由 / 垂直）（F）/ 回退 "U" }< 结束 >：

点取下一点后，接着提示如下信息。

点取弧上一点：

此时可以根据预演的弧线确定弧线上的一点；反之，如果需要从绘弧线方式改变到绘直线方式，可输入"L"。

导线与设备相交时会自动打断,并且画导线时是每点取一点后就会在两点之间连上粗导线,再提示用户输入下一点。

画导线过程中,如果需要连接设备,一般有以下两种情况。

①点取起始设备,再点取最后一个设备,那么在这两个设备所在的直线上或附近的设备会自动连接(图1-3-93)。

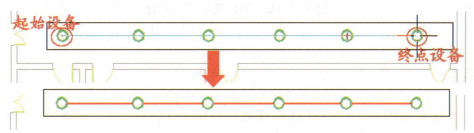

图1-3-93 平面布线示例

②每个设备图块一般只需点取一次,并且可以在这个图块的任意位置点取,天正软件-电气系统将按"最近点连线"原则,自动确定设备上接线点的位置。如果用户希望人为地控制设备上的出线点,可以在同一设备上再点取一次,这时第二次点取到的设备上的点便作为下一点连接的接线点,而系统不再自动选择最近点作为接线点。"最近点连线"原则是指在画点与设备的连线或设备与设备的连线时均取设备中距离对方最近的那个接线点作为连线点。这样画导线的优点是画设备间的连线时每个设备块只需点取一次,且大多数情况下能画出理想的连线。如果希望画出理想的连线,也需要用户在制作设备图块时在适当的位置设置一定数量的接线点(一般一个设备可设置3、4个接线点,如图1-3-94所示)。

图1-3-94 设备接线点设置

对于大部分设备块,天正软件-电气系统按"最近点连线"原则连线[图1-3-95(a)]。外形为圆的设备块不以此原则连线,而是采用连线的延长线经过圆心的原则连线[图1-3-95(b)]。

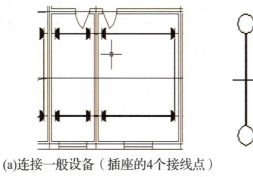

(a)连接一般设备(插座的4个接线点)

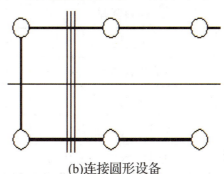

(b)连接圆形设备

图1-3-95 通用布线连线原则示例

注意:如果对设备接线点不满意,可利用"造设备"下的"设备重制"进行更正。

在执行"平面布线"时,如果不希望以"最近点连线"原则连线,可在显示"直段下一点"提示时再次点取本设备的接线位置,如图1-3-96所示。

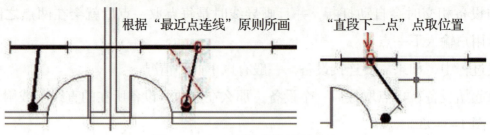

图 1-3-96 不同连线原则对比

任务评价

根据学习情况对知识和工作过程进行评估，对照表 1-3-11 逐一检查所学知识点，并如实在表 1-3-12 中做好记录。

表 1-3-11　知识点检查记录表

检查项目	理解概念		回忆		复述		存在的问题
	能	不能	能	不能	能	不能	
文字标注							
尺寸标注							
绘制门窗							

表 1-3-12　工作过程评估表

确定的目标		1	2	3	4	5	观察到的行为
专业能力	有效沟通						
	测量工具使用						
方法能力	收集信息						
	查阅资源						
社会能力	相互协作						
	同学及老师的支持						
个人能力	执行力						
	做事的专注能力						

注：在对应的数字下面打"√"，1—优秀，2—良好，3—合格，4—基本合格，5—不合格

拓展练习

1. 请尝试运用工具菜单中的工具绘制自己喜欢的图形。
2. 记忆工具菜单中工具的快捷键。

子任务五　生成系统图

任务实施

1）打开文件，将图形补充完整，如图 1-3-97 所示。

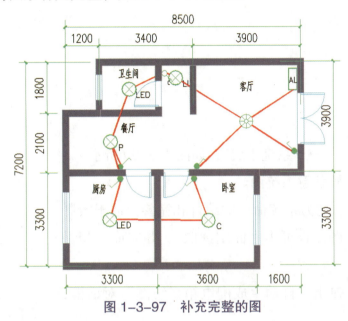

图 1-3-97　补充完整的图

2）生成系统图和参数表，如图 1-3-98 所示。

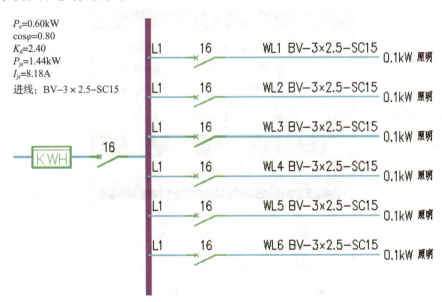

序号	回路编号	总功率	需用系数	功率因数	额定电压	设备相数	视在功率	有功功率	无功功率	计算电流
1	WL1	0.1	0.80	0.80	220	L1	0.10	0.08	0.06	0.45
2	WL2	0.1	0.80	0.80	220	L1	0.10	0.08	0.06	0.45
3	WL3	0.1	0.80	0.80	220	L1	0.10	0.08	0.06	0.45
4	WL4	0.1	0.80	0.80	220	L1	0.10	0.08	0.06	0.45
5	WL5	0.1	0.80	0.80	220	L1	0.10	0.08	0.06	0.45
6	WL6	0.1	0.80	0.80	220	L1	0.10	0.08	0.06	0.45
总负荷：P_e=0.60kW			总功率因数：$\cos\varphi$=0.80			计算功率：P_{js}=1.44kW			计算电流：I_{js}=8.18A	

图 1-3-98　系统图和参数表

① 三相改为单相。
② 入户线接电度表，电度表输出到配电箱。
③ 所有负载功率改为 0.1kW。
④ 回路数改为 6。
⑤ 相序设为 L1。

知识链接

系统生成

1）命令：XTSC。

2）菜单："强电系统"→"系统生成"，如图 1-3-99 所示。

3）功能：自定义配置任意系统图。

本命令是照明系统、动力系统命令的综合和完善，适于绘制任何形式的配电箱系统图（也可由平面图读取），并完成三相平衡的电流计算。

选择本命令，屏幕弹出"自动生成配电箱系统图"对话框，如图 1-3-100 所示。

图 1-3-99 "系统生成"选择

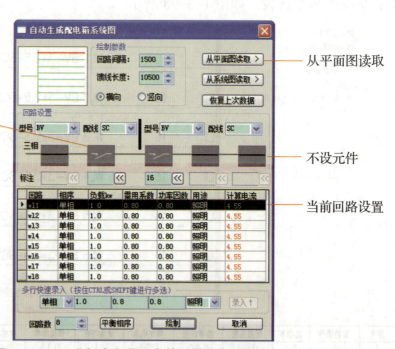

图 1-3-100 "自动生成配电箱系统图"对话框

"系统图预览"：显示的是将要绘出的配电箱系统图的简单示意图形，对某一条线路进行编辑时，示意图形中某根线显示为红色表示为当前编辑线路。选择横向或竖向，预览图形也随之改变。

"回路间隔""馈线长度"：设置绘图参数。可以选择也可以手动输入。

"从平面图读取"：根据平面图读取系统图信息。

"从系统图读取"：拾取已有系统图信息。

"恢复上次数据"：恢复上一次绘制系统图时的数据及设置。

"回路设置"：

①进线、出线型号设置。设置好进线与出线型号及穿管类型后，软件自动根据每个回路计算电流计算相应的线缆规格及穿管规格，最后计算进线及穿管规格。

②选择元件。回路设置中5个元件预览框显示该配电箱系统图进线和馈线所使用的元件，其中前2个为进线元件，后3个为当前回路的馈线元件。若无元件，则选择线。例如，如果进线只有一个元件，则另一个元件可以选择线，即空选。选择元件有两种方法：一是可以将对话框提供的8种常用元件拖动至指定位置；二是单击元件预览框，在弹出的"天正图库管理系统"对话框中选择元件库中的某一元件（可双击确认）。

③输入元件标注。用户既可以在文本框中直接输入元件型号，又可以单击文本框右侧的按钮调出"元件标注"对话框，在库中选择元件型号。

各回路的参数以表格的形式表现，具体介绍如下。

"回路"：通过单击表格中每条支路回路编号后的小按钮，进行该支路回路编号的编辑，选中的当前线路在图片框中用红色表示。

"负载"：即当前回路的总负荷（kW）。如果系统图由平面图读取，则"负载"为系统通过自动搜索得到的平面图中该回路的用电设备总功率。此时要求用户必须在平面图绘制后执行。

"需用系数""功率因数""用途"：通过单击表格中每条支路相应参数后的小按钮，进行该支路各参数的选择，也可以手动输入，选中的当前线路在预览框中以红色表示。

"回路数"：可以手动输入或单击上下方向按钮来增加或减少支路数。如果系统图由平面图读取，则"回路数"为系统通过自动搜索得到的平面图中的所有已定义的回路总数。

"多行快速录入"：用户可以利用该功能同时进行多条支路参数的设置。按住 Ctrl 键或 Shift 键，同时在表格中选择两条以上的支路，在"多行快速录入"选项组中输入对应的参数，单击"录入"按钮，即可准确、快速地一次完成多条支路的参数设定。

"平衡相序"：默认为"单相"。单击"平衡相序"按钮，系统自动根据各回路负载指定回路相序（最接近平衡）。用户也可以手动输入各回路相序信息。系统不仅可以自动标注导线相序（L1、L2、L3），还可以根据三相平衡进行电流计算。例如，根据平面图自动生成照明系统图如图 1-3-101 所示（图中导线已标明其回路编号）。

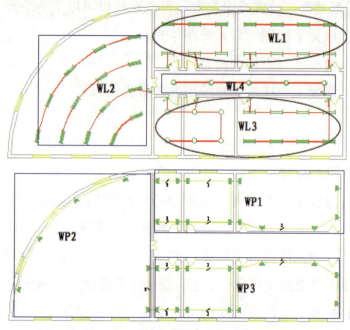

图 1-3-101 根据平面图自动生成照明系统图

注意，为了便于读者识图，图中人为地用矩形或椭圆形框出各回路区域。如果平面图绘制过程中没有为导线输入正确的回路编号，可按下列方法进行修改。

操作：选中导线→右键菜单→导线编辑→修改回路编号。

步骤：

1）打开"自动生成配电箱系统图"对话框，单击"从平面图读取"按钮，选择平面图所有图元。

2）出现平面图信息："回路编号"包含所有回路编号；"回路负荷"包含每条回路下的总负荷（系统搜索该回路中所有用电设备额定功率之和）。

3）WP1~WP3 为插座回路，馈线上"断路器"自动改为"带漏电保护的断路器"。

4）单击"平衡相序"按钮，程序可自动确定各回路相序，并根据三相平衡进行负荷计算。

5）在进线位置插入"电度表"。

6）单击"绘制"按钮，选取插入点，完成系统图绘制。

7）执行"元件标注"命令，标注元件。

8）执行"虚线框"命令，进行绘制配电箱虚线。

9）如需要增加备用回路，可在实施步骤4）前单击"回路数"后的上下箭头按钮增加，然后在"回路用途"中选择"备用"即可，如图 1-3-102 所示。

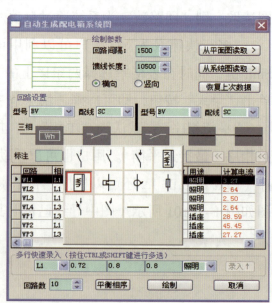

图 1-3-102 更改回路设置

绘制完毕后效果如图 1-3-103 所示。

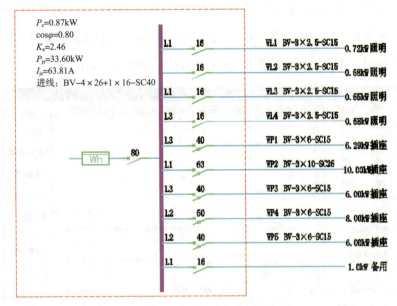

图 1-3-103　绘制完毕后效果

如果选择出竖向系统图，插入系统图后，命令行提示如下信息。

是否添加配电箱系统表"是（Y）/否（N）/设置（S）"<Y>：

按 Enter 键，软件自动为系统图套入配电箱系统表格，如图 1-3-104 所示。

配电箱编号										
配电箱设备										
回路编号	WL1	WL2	WL3	WL4	WP1	WP2	WP3	WP4	WP5	WL5
设备名称										
电压等级										
容量（kW）	0.72	0.58	0.55	0.58	6.29	10.00	6.00	8.00	8.00	1.0
二次系统图类型										
备注	照明	照明	照明	照明	插座	插座	插座	插座	插座	备用

图 1-3-104　系统图绘制结束

10）负荷计算。打开"负荷计算"对话框，单击"系统图导入"按钮，返回 ACAD 选择已生成的图 1-3-103 或图 1-3-104 系统图中的系统母线，系统自动搜索获得各回路数据信息。单击"计算"按钮，计算出"有功功率 Pjs""无功功率 Qjs""总功率因数""视在功率 Sjs""计算电流 Ijs"等结果并显示到"计算结果"选项组中，如图 1-3-105 所示。

图 1-3-105 负荷计算

单击"绘制表格"按钮，可把刚才计算的结果绘制成 ACAD 表格插入图中。此表为天正表格，如表 1-3-13 所示。

表 1-3-13 负荷计算表格

序号	分属变压器	用电设备组名称或用途	总功率	需用系数	功率因数	额定电压	设备相序	视在功率	有功功率	无功功率	计算电流	备注
1	S1	WL1	0.94	0.80	0.80	220	L1 相	0.94	0.75	0.56	4.27	
2	S1	WL2	0.58	0.80	0.80	220	L1 相	0.58	0.46	0.35	2.64	
3	S1	WL3	0.12	0.80	0.80	220	L1 相	0.12	0.10	0.07	0.55	
4	S1	WL4	0.55	0.80	0.80	220	L3 相	0.55	0.44	0.33	2.50	
5	S1	WL5	0.58	0.80	0.80	220	L1 相	0.58	0.46	0.35	2.64	
6	S1	WP1	6.00	0.80	0.80	220	L3 相	6.00	4.80	3.60	27.27	
7	S1	WP2	10.00	0.80	0.80	220	L1 相	10.00	8.00	6.00	45.45	
8	S1	WP3	6.00	0.80	0.80	220	L3 相	6.00	4.80	3.60	27.27	
9	S1	WP4	8.00	0.80	0.80	220	L2 相	8.00	6.40	4.80	36.36	
10	S1	WP5	6.00	0.80	0.80	220	L2 相	6.00	4.80	3.60	27.27	
11	S1	wl1	0.07	0.80	0.80	220	L1 相	0.07	0.06	0.04	0.32	
S1 负荷	S1	有功/无功同时系数：0.90、0.97	30.24		总功率因数：0.78		进线相序：三相	34.15	30.24	15.87	51.89	
S1 无功补偿			补偿前：0.76			补偿后：0.9			补偿量：8.57			

任务评价

根据学习情况对知识和工作过程进行评估,对照表 1-3-14 逐一检查所学知识点,并如实在表 1-3-15 中做好记录。

表 1-3-14　知识点检查记录表

检查项目	理解概念		回忆		复述		存在的问题
	能	不能	能	不能	能	不能	
生成电气图的步骤							
电气图的识读							
参数表							

表 1-3-15　工作过程评估表

确定的目标		1	2	3	4	5	观察到的行为
专业能力	有效沟通						
	测量工具使用						
方法能力	收集信息						
	查阅资源						
社会能力	相互协作						
	同学及老师的支持						
个人能力	执行力						
	做事的专注能力						

注:在对应的数字下面打"√",1—优秀,2—良好,3—合格,4—基本合格,5—不合格

拓展练习

更改设置,了解不同设置下的电气图,并进行区分。

子任务六　输出成套图纸

任务实施

请同学们回答以下问题，并生成一居室电气系统图。

1）一份完整的电气图主要包括哪些部分？

2）各部分有哪些具体作用？

3）小明家的电气图已经设计完成，请将电气图等相关信息进行整合，输出一份完整的一居室电气系统图，用于指导小明家实际的电气施工。

知识链接

一份完整的电气图主要包括图纸总目录、技术说明、电气设备平面布置图、控制系统方框图、电气系统图和电气设备使用说明书6个部分。其中，电气系统图主要由控制柜（箱）图、元件布板图、电气原理图、接线端子排图、设备接线图（或接线电缆表）和元器件清单组成。

（一）图纸总目录

图纸总目录是指根据表达功能的不同列出整套电路图中每一部分的起始页码，以便于根据使用情况迅速查找详图。

（二）技术说明

技术说明是指整套电路图所表达的控制系统的技术说明，这一部分应列出本系统的用电功率要求、主要设备性能指标、系统控制精度、采用的先进技术等。

（三）电气设备平面布置图

电气设备平面布置图是指整个系统的每个设备、每个单元在用户现场的实际摆放位置。该图是指导现场设备安装具体位置的唯一依据，制作时可用简易方框图的形式表示，每一部分定位必须准确。

（四）控制系统方框图

控制系统方框图是指用方框图的形式绘出系统的控制流程，这一部分应该力求准确，因为它是别人读懂电路图的主线和编写 PLC 程序的控制思路，也是进行装配时谨防出现重大错误的参照。

（五）电气系统图

它包括 6 个部分，现分述如下。

1）控制柜（箱）图：该图包括控制柜外形尺寸图，散热风扇安装位置开孔尺寸图，前面板元件开孔尺寸图，柜体颜色，是否带底座、照明灯等。该图绘制时参照机械图绘图规则进行，为了表达清楚每个柜子占用一张图，有几个柜子画几张图。

2）元件布版图：该图是指控制柜内元器件的安装位置图，它是控制柜施工配线的依据。绘制时必须以每一器件的实际尺寸为依据，必须准确，为了表达清楚每块安装板绘制一张布板图，有几个安装板画几张图。

3）电气原理图：该图是整个图纸的核心，应按电源的走向或信号的走向以先后的顺序绘出每张图，图纸的大小为 A4 纸横向使用，图纸标题框等内容应复制本规程给出的"A4 纸横向电路图"模板，具体绘制方法参照规程的第三部分。

4）接线端子排图：该图是组装控制柜的依据，绘制时端子排上必须有每个端子的位置编号、线号、导线的引入引出位置等，需要跨接的端子的位置也要标示出来。

5）设备接线图：该图是控制柜、箱与现场分散设备之间接线的依据，绘制时要标清电缆的起始位置、电缆号、电缆每芯线号、电缆芯数、截面积和长度等，同时考虑维修的需要电缆中应留出适当数量的备用线。

6）元器件清单：该图是设备采购及柜体装配的依据，绘制表中必须包含序号、元件名称、型号、数量、生产厂家等。

六、电气设备使用说明书

电气设备使用说明书是指本套电路图所表达的控制系统的使用说明，因另有整套设备说明书，所以这一部分可简单地写出本系统的开关机步骤、使用注意事项、遇到特殊情况的应急处理方法等，根据系统的复杂程度内容可适当增减。

具体情况视工程复杂情况而定。

任务评价

根据学习情况对知识和工作过程进行评估，对照图1-3-16逐一检查所学知识点，并如实在表1-3-17中做好记录。

表1-3-16　知识点检查记录表

检查项目	理解概念		回忆		复述		存在的问题
	能	不能	能	不能	能	不能	
图纸输出							
电气图的识读							

表1-3-17　工作过程评估表

确定的目标		1	2	3	4	5	观察到的行为
专业能力	有效沟通						
	测量工具使用						
方法能力	收集信息						
	查阅资源						
社会能力	相互协作						
	同学及老师的支持						
个人能力	执行力						
	做事的专注能力						

注：在对应的数字下面打"√"，1—优秀，2—良好，3—合格，4—基本合格，5—不合格

拓展练习

通过网络，了解不同类型的成套电气图，并进行识读。

任务四　展示与评价

 **任务引入**

请同学们将项目实施的全过程和绘制的一居室电气图成果进行汇报展示。

 任务实施

一、制作客户手册展示 PPT

PPT 主要内容如下。

1）组内分工情况。

2）现场勘察情况。

3）用户需求情况。

4）配电组件方案的选择。

5）电气系统客户手册：主要有客记手册目录、技术说明、电气设备平面布置图、电气系统图、负荷列表、电气元件清单等相关信息。

二、展示

具体要求如下。

1）每组展示讲解时间：10min。

2）答辩：5min。

3）展示者的要求。

①仪表仪容：端庄大方，自然从容，目光温顺平和，站立应挺直、舒展、收腹、眼睛平视前方，着装整洁、大方。

②讲解要求：应尽量做到"声""形""情""韵"恰到好处。

声：声音洪亮、字正腔圆。

形：肢体语言大方自然。

情：感情丰富，有感染力。

韵：语言表达韵味十足。

三、评估

评估分为组内自评、组内互评、组际互评，具体要求如下。

1）组内自评：评价的对象是学生本人，思考自己在整个活动过程中的表现，明白自己在活动中的不足，明确自己今后的努力方向。

2）组内互评：在学生自我评价的基础上，进行小组成员之间的互相评价。互评时，主要从参与是否积极、合作是否友好、工作是否认真负责等方面进行，由小组长根据大家的意见，记录评价结果。

3）组际互评：组与组之间的相互评价，不仅要评价知识掌握，还要评学习态度、学习能力等。

知识链接

一、如何制作优秀的汇报PPT

1. 工具

下载PPT美化大师。

2. 方法/步骤

1）打开PowerPoint，这时如果已经安装了PPT美化大师，将会在右侧出现PPT美化大师的选项，如图1-4-1所示。

2）开始时可以选择利用范文或模板来直接获得好看的PPT设计，如图1-4-2和图1-4-3所示。选择后的图片如图1-4-4所示，这时用户就可以根据自己的需要来制作PPT了。

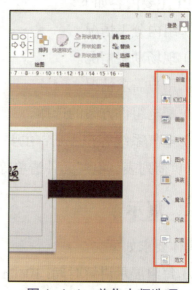

图1-4-1　美化大师选项

图1-4-2　范文

图1-4-3　PPT模板

图 1-4-4　示例

3）PPT 美化大师支持拼图画册的功能，如图 1-4-5 所示。

图 1-4-5　拼图画册功能

4）拼图时，选中用到的模板之后就会出现如图 1-4-6 所示的样式，可以通过拼合图片获得自己想要的效果。

图 1-4-6　拼图示例

5）在制作 PPT 的过程中，还可以不断加入流程图，使 PPT 更加专业，如图 1-4-7 所示。

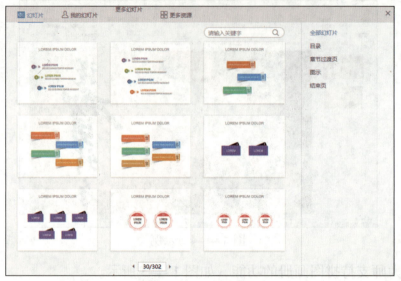

图 1-4-7　流程图

6）PPT 美化大师支持插入图片。但是，一般来说，图片的种类并不多，如图 1-4-8 所示。

图 1-4-8　图片素材

7）对于一些小配饰，它们虽然简单，但有时会使 PPT 更加细腻生动，如图 1-4-9 所示。

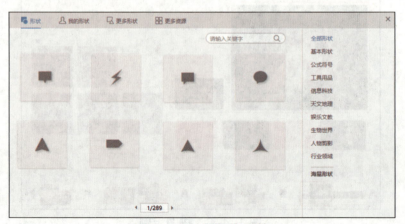

图 1-4-9　添加小配饰

二、演讲中的心理素质训练

（一）优化自我形象

优化自身形象是演讲者在开始演讲前的必备功课。首先，演讲者要在演讲之前树立自身的权威。演讲者可以询问自己一些问题，并给出自己肯定的回答。

其次，要充分利用良好的服饰语。女性可通过柔和、自然、大方得体的服饰为自己赢得成功的第一印象；而男性通过与环境、身份、体形相协调的服饰显出自身的尊贵优雅。

最后，可以适当地赞赏听众表示友好，缩短彼此间的心理距离。

（二）展现充分的自信

自信、得体的第一印象来自演讲者对演讲坚定的希望。演讲者可通过提前到达演讲地点；深呼吸放松身体和神经；微笑地以短句子做开场白，说话时看着观众等技巧放松自己。

（三）及时地沟通

演讲表面看是演讲者主动讲，听众被动听，好像是一种单向交流。但其实在演讲中也要注重与听众的交流，随时注意听众的反馈，并调整自己的演讲状态，如果能力允许还可调整演讲内容，只有如此，演讲才会是成功的。

（四）拓展阅读——如何克服害羞

克服害羞对培养自信十分重要，可以采取以下几种方法：

1）永远不要无缘无故把自己说得一无是处；多了解自己的优点和缺点；试着坐在人群的中心位置；有话大声说；别人跟你讲话时，眼睛要看着对方；别人没有应答你的话时，要再重复一遍；别人打断你的话时，要继续把话说完。

2）心动不如行动，只要去做就会变得越来越自信。

任务评价

根据学习情况对知识和工作过程进行评估，对照表 1-4-1 逐一检查所学知识点，并如实在表 1-4-2 中做好记录。

表 1-4-1　知识点检查记录表

检查项目	理解概念		回忆		复述		存在的问题
	能	不能	能	不能	能	不能	
PPT 制作							
汇报情况							

表1-4-2 工作过程评估表

确定的目标		1	2	3	4	5	观察到的行为
专业能力	有效沟通						
	测量工具使用						
方法能力	收集信息						
	查阅资源						
社会能力	相互协作						
	同学及老师的支持						
个人能力	执行力						
	做事的专注能力						
注：在对应的数字下面打"√"，1—优秀，2—良好，3—合格，4—基本合格，5—不合格							

拓展练习

通过网络，查阅智能家居的相关知识。

项目二

三居室电气系统识图与绘制

案例导入

小明经过勤奋努力的工作,得到了同事的好评和认可,也开始组建自己的小家庭。由于一居室不能满足他的生活要求,为此,小明决定重新购置一套三居室。经过近一个多月的比选,他买下了一套满意的三居室。小明对一居室房屋的电气设计非常满意,购置的新房仍然选择该公司进行设计,请各位设计师完成小明新家的电气系统图的设计。三居室效果如图2-0-1所示。

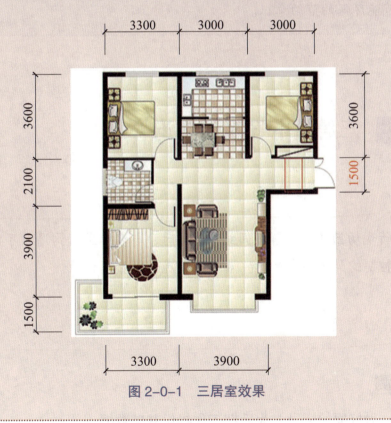

图2-0-1　三居室效果

学习目标

知识目标：

1. 熟悉电气图分类及不同功能。
2. 识记电气符号，能正确区分不同电气符号。
3. 熟悉软件的命令和工具。
4. 熟悉电气工程图绘制的工作流程。

技能目标：

1. 能独立完成与客户的沟通。
2. 能绘制较复杂的电气图。
3. 能熟练输出成套电气图。

素养目标：

1. 培养学生严谨求实的科学态度和作风，以及创新求实的精神。
2. 具有良好的人际交往与团队协作能力。
3. 具备获取信息、学习新知识的能力。
4. 树立学生节能环保的节约意识。

任务一　三居室电气系统咨询

任务引入

请对三居室进行现场勘测，了解房间结构；同时，与客户进行沟通，了解客户对用电器的需求情况、对电气控制的具体要求等，并对咨询情况进行整理记录。

任务实施

一、现场勘测

进行实地勘测，做好原始记录，为后期工作提供基础数据。

根据三居室房室实际，在下面的方框中绘制三居室房屋结构草图，并按做好相关尺寸标注，所有标注尺寸单位均为 mm，同时完成表 2-1-1 的填写。

表 2-1-1　三居室现场勘测情况

建筑面积情况 单位（m²）	客厅		卧室 1	
	卧室 2		卧室 3	
	饭厅		厨房	
	玄关		卫生间	
	其他		总面积	
房屋建筑结构	□钢结构　□钢、钢筋混凝土结构　□钢筋混凝土结构　□混合结构 □砖木结构　□其他结构			
光照情况	□良好　□一般　□阴暗			

注：面积计算公式为面积（S）= 长（a）× 宽（b）。

二、客户需求

（一）负荷（用电器负载）估算

与客户沟通，了解客户对用电器的需求情况，并对咨询情况进行整理记录，完成表 2-1-2 的填写。

表 2-1-2　负荷统计表

序号	用电器	单/三相负载	额定功率/W	数量/台	功率/W

续表

序号	用电器	单/三相负载	额定功率/W	数量/台	功率/W
合计					

（二）电气控制要求

1）灯控情况：客厅、3个卧室能实现三地控制，其余灯只需一地控制。

2）负荷控制情况：大负荷用电器（如冰箱、空调等）单独控制，灯和插座单独控制。

（三）导线选择、线路敷设及电器安装要求

导线选择、线路敷设及电器安装均应满足《民用建筑电气设计标准》（GB 51348—2019）的相关规定。

照明应满足《建筑照明设计标准》（GB 50034—2013）、《住宅建筑电气设计规范》（JGJ 242—2011）、《低压配电设计规范》（GB 50054—2011）、《供配电系统设计规范》（GB 50052—2009）、《电力工程电缆设计标准》（GB 50217—2018）的相关规定。

知识链接

玄关泛指厅堂的外门，也就是居室入口的区域；专指住宅室内与室外之间的过渡空间，也

就是进入室内换鞋、更衣或从室内去室外的缓冲空间，也有人将其称为斗室、过厅、门厅。在住宅中，玄关虽然面积不大，但使用频率较高，是进出住宅的必经之地。

现代社会，玄关一般指房门入口的区域。设玄关一是为了增加主人的私密性。为避免客人一进门就对整个室内一览无遗，在进门处用木制或玻璃作隔断，划出一块区域，在视觉上遮挡一下。二是为了起装饰作用。推开房门，第一眼看到的就是玄关，这里是客人从繁杂的外界进入这个家庭的第一站。可以说，玄关设计是设计师整体设计思想的浓缩，它在房间装饰中起到画龙点睛的作用，好的玄关设计能使客人一进门就有眼前一亮的感觉。三是方便客人脱衣、换鞋、挂帽。最好把鞋柜、衣帽架、大衣镜等设置在玄关内，鞋柜可做成隐蔽式，衣帽架和大衣镜的造型应美观、大方，与整个玄关风格相协调。

玄关的光照应柔和、明亮，可以根据顶面造型暗装灯带、镶嵌射灯、设计别致的轨道灯或简练的吊杆灯，也可以在墙壁上安装一盏或两盏造型独特的壁灯，保证门厅内有较好的亮度，使玄关环境高雅、精致。灯光效果应重点突出，不宜求全。

玄关区一般不会紧挨窗户，要想利用自然光的介入来提高区间的光感是不可奢求的。因此，必须通过合理的灯光设计来烘托玄关明朗、温暖的氛围。一般在玄关处可配置较大的吊灯或吸顶灯作为主灯，再添置些射灯、壁灯、荧光灯等作为辅助光源，还可以运用一些光线朝上射的小型地灯作为点缀。如果不喜欢暖色调的温馨，还可以运用冷色调的光源传达冬意的沉静。

精心设计的灯光组合，可使玄关给人美的享受。筒灯、射灯、壁灯、轨道灯、吊灯、吸顶灯根据不同的位置安排，可以形成焦点聚射，也可以营造出用户所需要的理想生活空间。当然，灯光效果应有重点，不可面面俱到。

任务评价

根据学习情况对知识和工作过程进行评估，对照表 2-1-3 逐一检查所学知识点，并如实在表 2-1-4 中做好记录。

表 2-1-3　知识点检查记录表

检查项目	理解概念		回忆		复述		存在的问题
	能	不能	能	不能	能	不能	
沟通技巧							
需求分析							

表 2-1-4 工作过程评估表

确定的目标		1	2	3	4	5	观察到的行为
专业能力	有效沟通						
	测量工具使用						
方法能力	收集信息						
	查阅资源						
社会能力	相互协作						
	同学及老师的支持						
个人能力	执行力						
	做事的专注能力						

注：在对应的数字下面打"√"，1—优秀，2—良好，3—合格，4—基本合格，5—不合格

拓展练习

尝试与不同客户沟通，了解不同类型客户家居电气的需求。

任务二 三居室电气系统计划、决策

任务引入

一般情况下，材料费用的高低对工程造价起着决定性的作用。在土建工程中，材料费用通常占项目工程造价的 65% 左右，而在装饰工程中其所占的比例更高，因此，材料价格和品质的控制是造价或成本部门工作的重点之一。要想了解材料的价格和品质，多方询价比较是必不可少的工作环节，如何找到合适的品牌及理想的价格，这就需要工程造价人员在询价、比价时开动脑筋，在询价前做好充分的准备，并在询价中有效运用各种技巧，这样才能最终达到工程造价之目的，并能提高工作效率、积累经验。

任务实施

结合任务一中的电气咨询情况，用 3 种不同的品牌产品完成三居室家居电气系统的配电组件及耗材方案。

一、配电组件及耗材方案

制定配电组件及耗材方案，并填写表 2-2-1。

表 2-2-1 配电方案

项目	产品名称	规格	品牌1	品牌2	品牌3
配电箱					
弱电信息箱					
断路器					
开关					
插座					

续表

项目	产品名称	规格	品牌1	品牌2	品牌3
灯具					
导线					
通信线					
线槽					

续表

项目	产品名称	规格	品牌1	品牌2	品牌3
开关盒					
其他					

二、人员分工情况

根据实际人员分工填写表 2-2-2。

表 2-2-2　人员分工情况

序号	任务内容	时间	任务人	备注
1				
2				
3				
4				
5				
6				
7				
⋮				

三、制定最佳方案

对上述配电组件及耗材方案进行评估，并做出决策，将最佳方案填入表 2-2-3。

表 2-2-3　最佳方案

项目	产品名称	产品编号	品牌及规格	单价	数量	价格
配电箱						
弱电信息箱						
断路器						
开关						
插座						
灯具						

续表

项目	产品名称	产品编号	品牌及规格	单价	数量	价格
导线						
通信线						
线槽						
开关盒						
其他						
	合计					

知识链接

一、询价

1. 询价前的准备工作

首先，通过熟人或上网查询所要询价材料的技术性能及相关指标、应用范围、材料特点、施工工艺等，再根据工程实际需要筛选出要了解的内容，并做好查询各项内容的记录准备。其次，尽可能多找几家材料供应商，最好是知名品牌或比较有名的生产厂家。另外，也可以通过询价的网站或软件进行查询比对，如我材网、材价宝手机端等。

2. 询价中的技巧

要想准确掌握材料的底价，必须要做好以下几个方面：首先，造价人员要熟悉工程的规格、供货量的大小、所需材料的基本要求等；其次，在和材料生产厂家联系时，应尽可能把需要了解的有关材料信息一次性咨询完成。对一些政府有特殊要求的材料，还需要进一步确认生产厂家（特别是外地的企业）在工程所在地是否有相应的认定证书、在本地存在哪些在建项目等。

二、决策分析

决策分析一般指从若干可能的方案中通过决策分析技术，如期望值法或决策树法等，选择其一的决策过程的定量分析方法。决策分析主要应用于大气科学中的动力气象学等学科。

1. 决策分析的步骤

决策分析一般分为4个步骤，具体如下。

第一，形成决策问题，包括提出方案和确定目标。

第二，判断自然状态及其概率。

第三，拟定多个可行方案。

第四，评价方案并做出选择。

2. 如何做好群体决策

1）创造宽松心理气氛。号召大家打消顾虑、畅所欲言，也要求领导者通过改进信息联系方式、改善讨论会场布置等举措展示虚心听取意见的诚意，从而解除群体决策参与者的心理障碍，使他们积极地参与决策讨论，大胆地直抒己见。

2）有效控制决策过程。在决策过程中应保证群体成员的注意力集中在重大问题上，始终紧扣和抓住核心问题讨论研究，高效率、高质量地做出决定。

3）灵敏捕捉闪光思想。一旦发现某人有好的想法，就应让他详细陈述意见，再交大家讨论，集中讨论的过程实际上就是吸收、扩展、完善好的思想的过程。

4）开发利用不同观点。必须高度重视不同意见，要积极开发利用不同观点，不能把不同观点视为麻烦，而应该看成财富，要鼓励、启发人们提出更多的不同观点，以利于打开决策思路，扩展决策视野，防止决策疏漏，提高决策质量。

5）善于提炼归纳总结。将每个方案的独到之处归纳起来，加以整合，再造一个高于原有方案的更为理想的决策方案。

任务评价

根据学习情况对知识和工作过程进行评估,对照表 2-2-4 逐一检查所学知识点,并如实在表 2-2-5 中做好记录。

表 2-2-4　知识点检查记录表

检查项目	理解概念		回忆		复述		存在的问题
	能	不能	能	不能	能	不能	
配电箱							
断路器							
开关							
插座							
弱电信息箱							
需求分析							

表 2-2-5　工作过程评估表

确定的目标		1	2	3	4	5	观察到的行为
专业能力	有效沟通						
	测量工具使用						
方法能力	收集信息						
	查阅资源						
社会能力	相互协作						
	同学及老师的支持						
个人能力	执行力						
	做事的专注能力						
注:在对应的数字下面打"√",1—优秀,2—良好,3—合格,4—基本合格,5—不合格							

 拓展练习

通过网络了解智能家居和智能控制电话。

任务三　三居室电气系统图绘制

任务引入

通过绘制构造线、绘制墙体、绘制门窗、放置电气组件、生成系统图、输出成套图纸 6 个子任务完成三居室电气系统图的绘制。

子任务一　绘制构造线

任务实施

1）在 D 盘以学号为文件名建立文件夹，以便保存所有项目文件。

2）运行软件，以学号+三居室为文件名新建图形样板（*.dwt），如×××三居室.dwt，并保存在 1）所建文件夹中。

3）对 2）所建图形样板进行初始设置。要求：

①显示设置，二维空间模型背景颜色白色，十字光标大小设为 50。

②用户系统配置，自定义右击：没有选定对象时右击表示重复上一个命令，选定对象时右击弹出快捷菜单，正在执行命令时右击表示确认。

③电气设定，高频图块个数为 6；系统母线 2；系统导线 0.5；字高 3.5，宽高比 1；标导线数用斜线数量表示。

4）图形界限：左下角点 <0,0>，右上角点 <28500,27200>。

图形限的命令：_____。

5）绘制矩形：左下角点 <0,0>，右上角点 <28500,27200>，如图 2-3-1 所示。

矩形的命令：_____。

6）利用构造线绘制参考线，如图 2-3-2 所示。

构造线的命令：_____。

注意观察在输入"xline"命令后，分别输入"H""V"等构造线的变化情况。

输入"H"时，构造线呈_____

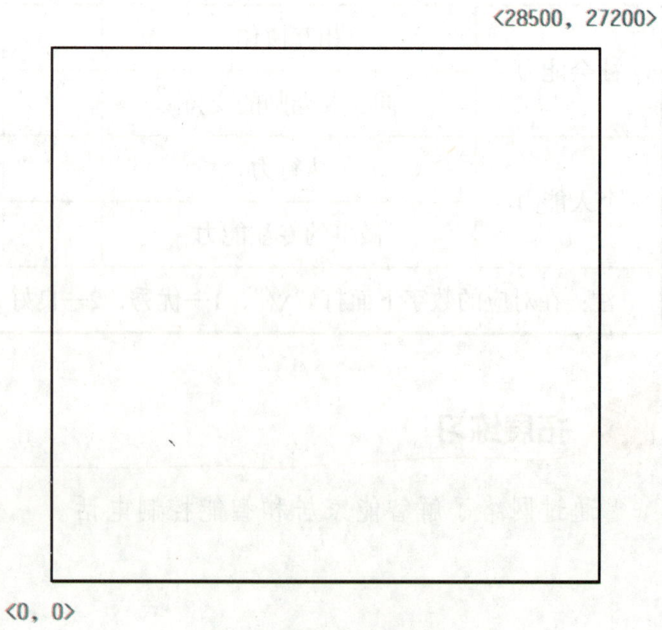

图 2-3-1　绘制矩形

（水平/竖直）；输入"V"时，构造线呈_____（水平/竖直）。

构造线的尺寸标注。

①逐点标注。

命令：_____。

菜单："_____"→"_____"。

②快速标注。

命令：_____。

菜单："_____"→"_____"。

绘制完成的构造线如图 2-3-2 所示。

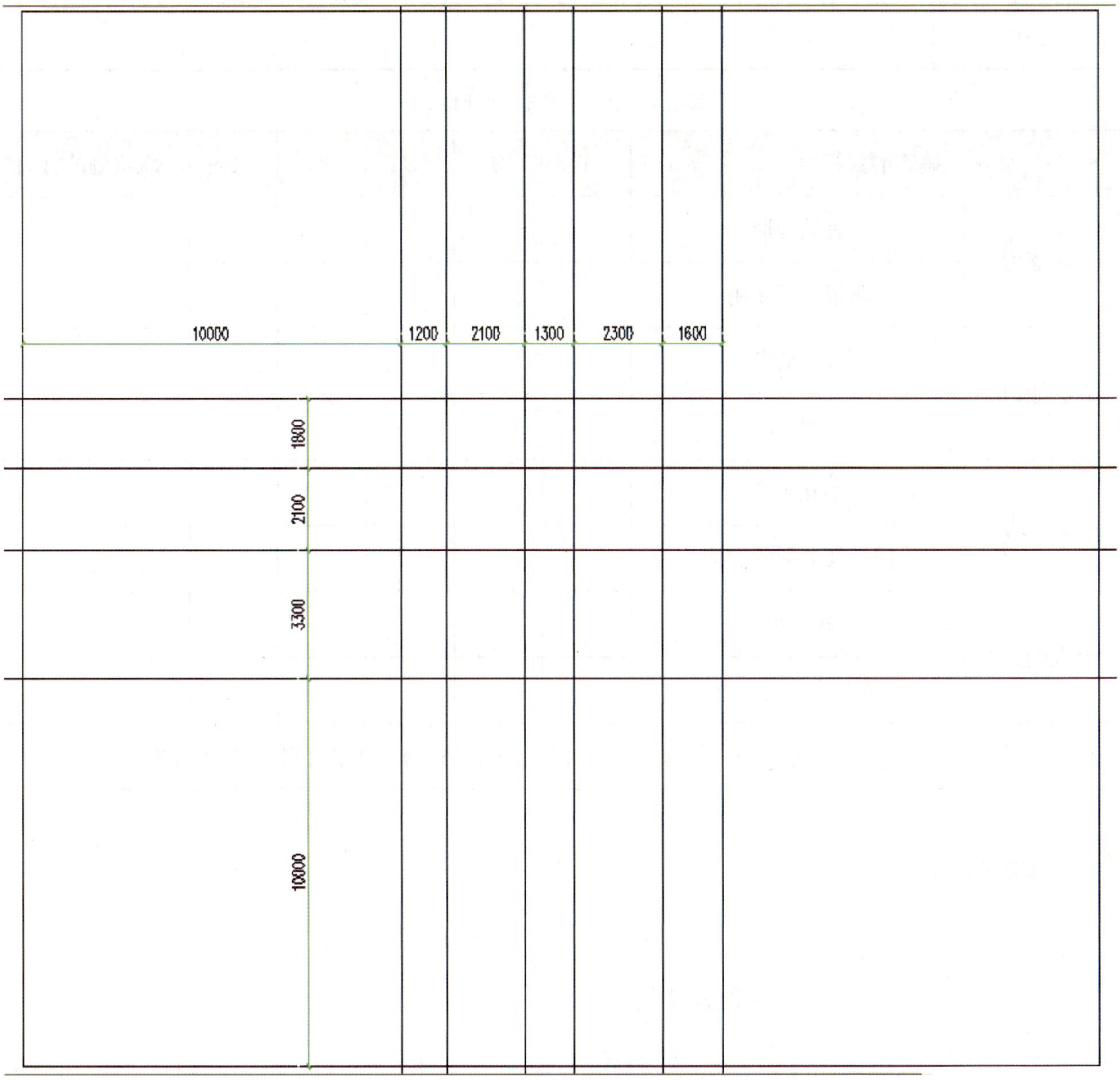

图 2-3-2　绘制完成的构造线

 **任务评价**

根据学习情况对知识和工作过程进行评估,对照 2-3-1 逐一检查所学知识点,并如实在表 2-3-2 中做好记录。

表 2-3-1 知识点检查记录表

检查项目	理解概念		回忆		复述		存在的问题
	能	不能	能	不能	能	不能	
构造线							
标注							

表 2-3-2 工作过程评估表

确定的目标		1	2	3	4	5	观察到的行为
专业能力	有效沟通						
	测量工具使用						
方法能力	收集信息						
	查阅资源						
社会能力	相互协作						
	同学及老师的支持						
个人能力	执行力						
	做事的专注能力						

注:在对应的数字下面打"√",1—优秀,2—良好,3—合格,4—基本合格,5—不合格

 拓展练习

1.请尝试说明"绘图"工具菜单中工具的使用方法并进行区分。
2.记忆本子任务所应用工具的快捷键。

子任务二　绘制墙体

任务实施

1）利用屏幕菜单（天正电气）中建筑子菜单中的"绘制墙体"工具绘制墙体结构。

①命令：_____。

②菜单："_____"→"_____"。

③墙体设置，如图 2-3-3 所示。

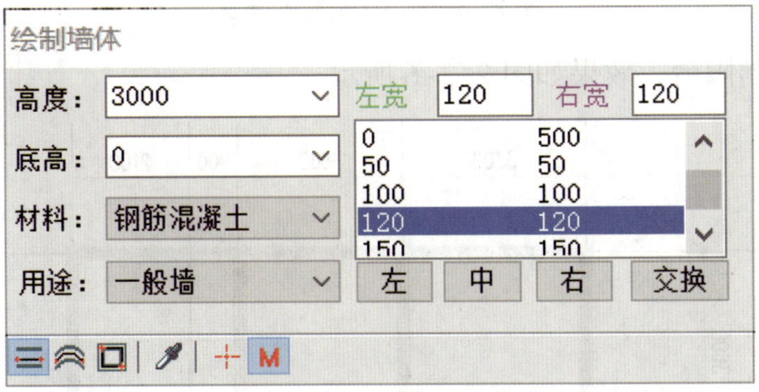

图 2-3-3　墙体设置

④根据参考线绘制墙体，如图 2-3-4 所示。

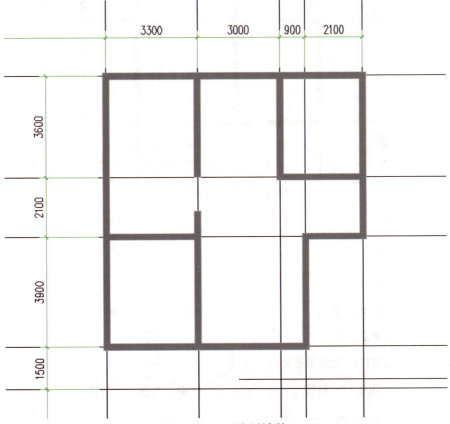

图 2-3-4　绘制墙体

2）绘制阳台。

①墙体设置，如图 2-3-5 所示。

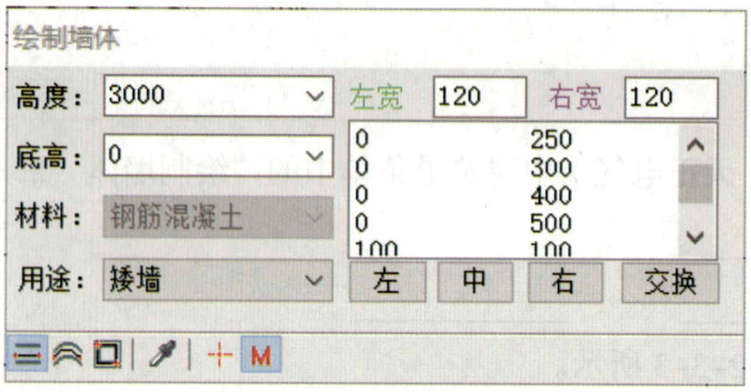

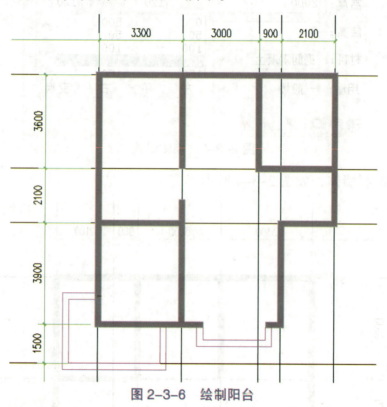

图 2-3-5　阳台墙体设置

②根据参考线绘制阳台，效果如图 2-3-6 所示。

图 2-3-6　绘制阳台

3）绘制卫生间窄墙。

①墙体设置，如图 2-3-7 所示。

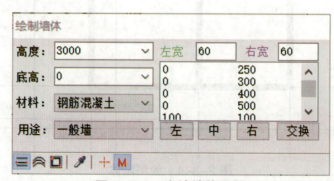

图 2-3-7　窄墙墙体设置

②根据构造线绘制,效果如图 2-3-8 所示。

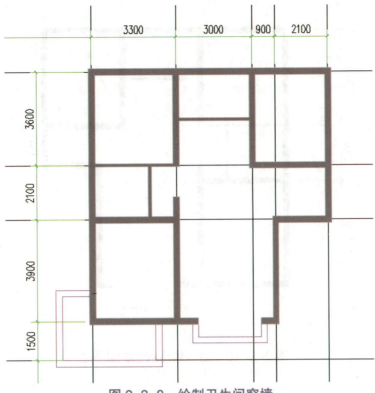

图 2-3-8　绘制卫生间窄墙

4)添加水平构造线,将墙体调整成如图 2-3-9 所示。

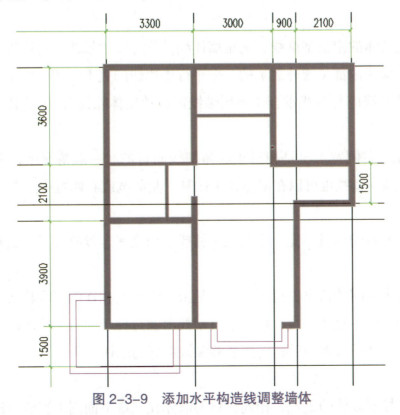

图 2-3-9　添加水平构造线调整墙体

5)删除构造线,如图 2-3-10 所示。

方法:选中要删除的构造线或构造线标注,按 Delete 键。

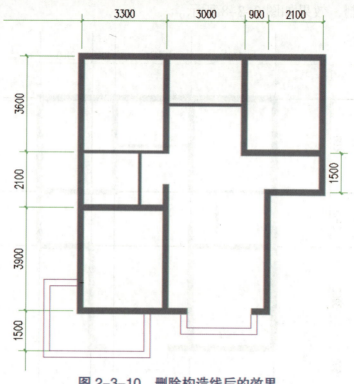

图 2-3-10　删除构造线后的效果

  知识链接

1. 墙体基线

墙体基线既是墙体的定位基准线，又是墙体线性化（墙生轴线）的依据。墙体基线是定位墙体的方法，代表墙体内部（或外部）的一个平行于边线的关键位置，而不是表现在图纸上的线条。通常，墙体基线应与轴线重合（不用轴线定位的墙体除外），因此其是墙体及墙中门窗的测量基准。

墙宽（左侧宽、右侧宽）也是相对于墙体基线而言的。一般情况下，墙体基线应在墙体内；有些情况下，墙体基线也可以在墙体外（此时，左侧宽或右侧宽中必有一负值）。

2. 墙段单元

墙体是一个最基本的墙段单元，它是位于柱或墙角之间、没有分叉并具有相同参数的直段墙或弧段墙。

墙段单元是搜索房间的依据，每个房间都是由一串首尾相连的墙段构成的。墙段端点处有柱子时，墙段之间可以不直接连接，系统会自动找出通过柱子间接连接的墙段。建议用户使用直接连接墙段，这样柱子被删除后，仍然能够保持良好的墙体接头。

3. 墙体材料

墙体材料用来控制墙体的表现，相同材料的墙体在二维平面图上连成一体，不同材料的墙体则由优先级高的墙体覆盖优先级低的墙体。按照优先级由高到低排列的墙体材料依次为钢筋混凝土墙、砖墙、隔墙、玻璃幕墙。

图2-3-11中显示了各种不同材料的墙体之间相互连接的情况。其中，图2-3-11（a）是钢筋混凝土墙与砖墙连接，钢筋混凝土墙会切断砖墙；图2-3-11（b）是隔墙与砖墙连接，砖墙会切断隔墙；图2-3-11（c）是钢筋混凝土墙与钢筋混凝土墙连接时两者的融合。

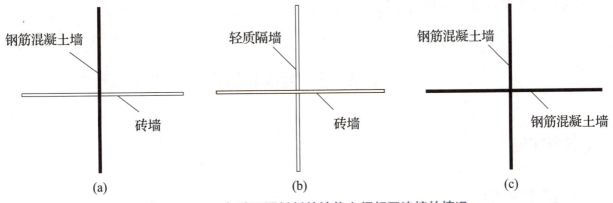

图2-3-11　各种不同材料的墙体之间相互连接的情况

任务评价

根据学习情况对知识和工作过程进行评估，对照表2-3-3逐一检查所学知识点，并如实在表2-3-4中做好记录。

表2-3-3　知识点检查记录表

检查项目	理解概念		回忆		复述		存在的问题
	能	不能	能	不能	能	不能	
热键的应用							
尺寸标注							
绘制墙体							

表2-3-4　工作过程评估表

确定的目标		1	2	3	4	5	观察到的行为
专业能力	有效沟通						
	测量工具使用						
方法能力	收集信息						
	查阅资源						
社会能力	相互协作						
	同学及老师的支持						
个人能力	执行力						
	做事的专注能力						
注：在对应的数字下面打"√"，1—优秀，2—良好，3—合格，4—基本合格，5—不合格							

拓展练习

1. 请尝试绘制复式建筑的墙体。
2. 练习工具菜单中工具的快捷键。

子任务三　绘制门窗

任务实施

一、课前检测

打开子任务二所绘制的墙体，如图2-3-12所示。

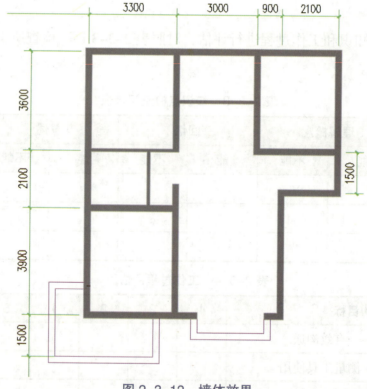

图2-3-12　墙体效果

二、课中任务

（一）绘制门

1. 绘制进户门

1）命令：_____。

2）菜单："_____" → "_____"。

3）参数要求：门宽 1200mm，门高 2400mm，门槛高 10mm；类型为普通门（子母门）；设置如图 2-3-13 所示。效果如图 2-3-14 所示。

图 2-3-13　门的设置

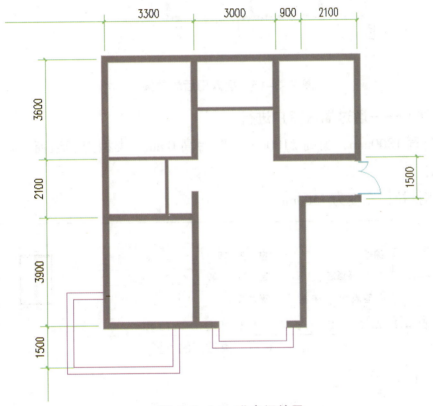

图 2-3-14　进户门效果

2. 普通门

参数要求：门宽 900mm，门高 2100mm，门槛高 0mm；类型为普通门（单扇平开门）；设置如图 2-3-15 所示。

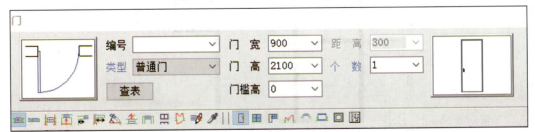

图 2-3-15　普通门的设置

效果如图 2-3-16 所示。

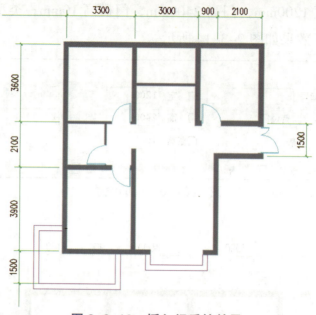

图 2-3-16　插入门后的效果

3. 推拉门（窗）——通过插入窗户进行

参数要求：窗宽 1800mm，窗高 2100mm，窗台高 0mm；类型为普通窗（推拉门）；设置如图 2-3-17 所示。

注意，厨房用推拉门宽度为 1500mm。

图 2-3-17　推拉门的设置

效果如图 2-3-18 所示。

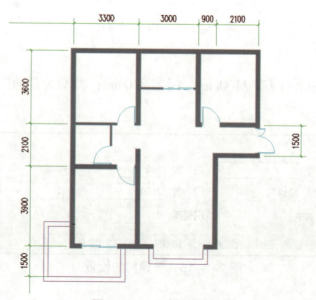

图 2-3-18　推拉门效果

（二）绘制窗

参数要求：窗宽 1800mm（卫生间窗宽 1200mm），窗高 2100mm，窗台高 900mm；类型为普通窗；设置如图 2-3-19 所示。

图 2-3-19　窗户的设置

效果如图 2-3-20 所示。

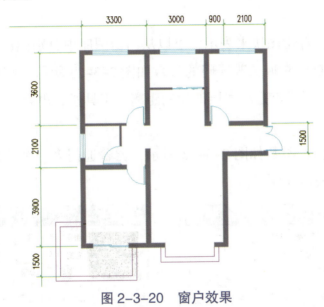

图 2-3-20　窗户效果

（三）对房间进行文字标注

对房间进行文字标注后的效果如图 2-3-21 所示。

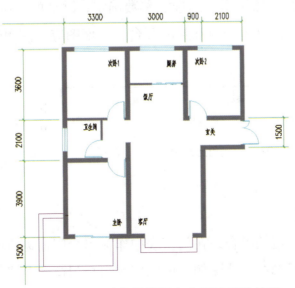

图 2-3-21　对房间进行文字标注后的效果

知识链接

一、门窗

软件中的门窗是一种附属于墙体并需要在墙上开启洞口，带有编号的 AutoCAD 自定义对象，它包括通透的墙洞和不通透的墙洞；门窗和墙体建立了智能联动关系，门窗插入墙体后，墙体的外观几何尺寸不变，但墙体对象的粉刷面积、开洞面积立刻更新以备查询。门窗和其他自定义对象一样，可以用 AutoCAD 的命令和夹点编辑修改，并可通过电子表格检查和统计整个工程的门窗编号。

（一）概述

二维视图和三维视图都用图块来表示，可以从门窗图库中分别挑选门窗的二维形式和三维形式，其合理性由用户自己掌握。普通门的参数如图 2-3-22 所示，其中门槛高指门的下缘到所在的墙底标高的距离，通常就是离本层地面的距离，工具栏右边第一个图标是新增的构件库。

1. 普通窗

其特性和普通门类似，参数如图 2-3-23 所示，比普通门多一个"高窗"复选框控件，勾选后按规范图例以虚线表示高窗。

图 2-3-22　普通门参数

图 2-3-23　普通窗的参数

2. 凸窗

凸窗即外飘窗。二维视图依据用户的选定参数确定，默认的三维视图包括窗楣与窗台板、窗框和玻璃。对于楼板挑出的落地凸窗和封闭阳台，平面图应该使用带形窗来实现。凸窗的形状如图 2-3-24 所示。

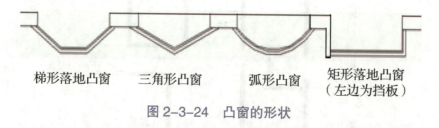

图 2-3-24　凸窗的形状

3. 门连窗

门连窗是一个门和一个窗的组合，在门窗表中作为单个门窗进行统计，缺点是门的平面图例固定为单扇平开门，需要选择其他图例，可以使用组合门窗命令代替。门连窗参数设置对话框如图 2-3-25 所示。

图 2-3-25 门连窗参数设置对话框

4. 子母门

子母门是两个平开门的组合，在门窗表中作为单个门窗进行统计。子母门参数设置对话框如图 2-3-26 所示。

图 2-3-26 子母门参数设置对话框

（二）自由插入

使用自由插入（图 2-3-27）可在墙段的任意位置插入，速度快但不易准确定位，通常用在方案设计阶段。以墙中线为分界内外移动光标，可控制内外开启方向，按 Shift 键控制左右开启方向。单击墙体后，门窗的位置和开启方向就完全确定了。

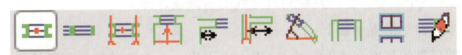

图 2-3-27 自由插入

命令行提示如下。

点取门窗插入位置（Shift- 左右开）<退出>：点取要插入门窗的墙体即可插入门窗，按 Shift 键改变开向。

（三）顺序插入

顺序插入即以距离点取位置较近的墙边端点或基线端为起点，按给定距离插入选定的门窗。此后顺着前进方向连续插入，插入过程中可以改变门窗类型和参数。在弧墙顺序插入时，门窗按照墙基线弧长进行定位。

命令行提示：

点取墙体<退出>：点取要插入门窗的墙线。

输入从基点到门窗侧边的距离<退出>：输入起点到第一个门窗边的距离。

输入从基点到门窗侧边的距离或［左右翻转（S）/内外翻转（D）］<退出>：输入到前一

个门窗边的距离。

（四）轴线等分插入

轴线等分插入，即将一个或多个门窗等分插入两根轴线间的墙段等分线中间，如果墙段内没有轴线，则该侧按墙段基线等分插入。

命令行提示如下。

点取门窗大致的位置和开向（Shift—左右开）＜退出＞：在插入门窗的墙段上任取一点，该点相邻的轴线亮显。

指定参考轴线（S）/输入门窗个数（1~3）<1>：输入插入门窗的个数。

上面提示的小括号中给出了按当前轴线间距和门窗宽度计算可以插入的个数范围，如输入"3"，结果如图2-3-28所示；输入"S"可跳过亮显的轴线，选取其他轴线作为等分的依据，但要求仍在同一个墙段内。

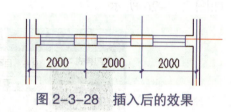

图2-3-28 插入后的效果

二、尺寸标注命令（二）

（一）剪裁延伸

1）命令：TDimTrimExt。

2）菜单位置："尺寸"→"剪裁延伸"。

3）功能：在尺寸线的某一端，按指定点剪裁或延伸该尺寸线。本命令综合了剪裁（trim）和延伸（extend）两个命令，自动判断对尺寸线的剪裁或延伸。

点取本命令，命令行提示如下：

请给出裁剪延伸的基准点或 { 参考点 [R] } ＜退出＞：点取剪裁线要延伸到的位置。

要剪裁或延伸的尺寸线＜退出＞：点取要作剪裁或延伸的尺寸线后，所点取的尺寸线的点取一端即做了相应的剪裁或延伸。

命令行重复以上显示，按Enter键退出。

裁剪延伸图如图2-3-29所示。

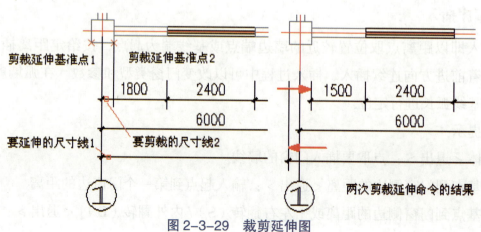

图2-3-29 裁剪延伸图

（二）取消尺寸

1）命令：TDimDel。

2）菜单位置："尺寸"→"取消尺寸"。

3）功能：本命令删除天正标注对象中指定的尺寸线区间。如果尺寸线共有奇数段，"取消尺寸"删除中间段会把原来标注对象分成两个相同类型的标注对象。因为天正标注对象是由多个区间的尺寸线组成的，用 Erase（删除）命令无法删除其中某一个区间，必须使用本命令完成。

点取本命令，命令行提示如下。

请选择待取消的尺寸区间的文字＜退出＞：点取要删除的尺寸线区间内的文字或尺寸线均可。

请选择待取消的尺寸区间的文字＜退出＞：点取其他要删除的区间，或按 Enter 键结束命令。

（三）尺寸打断

1）命令：TDimBreak。

2）菜单位置："尺寸标注"→"尺寸打断"。

3）功能：本命令把整体的天正自定义尺寸标注对象在指定的尺寸界线上打断，成为两段互相独立的尺寸标注对象，可以各自拖动夹点、移动和复制。

点取菜单命令后，命令行提示如下：

请在要打断的一侧点取尺寸线＜退出＞：在要打断的位置点取尺寸线，系统随即打断尺寸线，选择预览尺寸线可见已经是两个独立的对象。

执行"尺寸打断"命令，效果如图 2-3-30 所示。

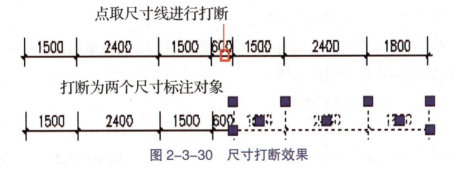

图 2-3-30　尺寸打断效果

（四）连接尺寸

1）命令：TMergeDim。

2）菜单位置："尺寸"→"连接尺寸"。

3）功能：本命令连接两个独立的天正自定义直线或圆弧标注对象，将点取的两尺寸线区间段加以连接，原来的两个标注对象合并成为一个标注对象。如果准备连接的标注对象尺寸线之间不共线，连接后的标注对象以第一个点取的标注对象为主标注尺寸对齐，通常用于把

AutoCAD 的尺寸标注对象转为天正尺寸标注对象。

点取菜单命令后，命令行提示如下。

请选择主尺寸标注＜退出＞：点取要对齐的尺寸线作为主尺寸。

选择需要连接的其他尺寸标注＜结束＞：点取其他要连接的尺寸线。

……

选择需要连接的其他尺寸标注＜结束＞：按 Enter 键结束。

执行"连接尺寸"命令，效果如图 2-3-31 所示。

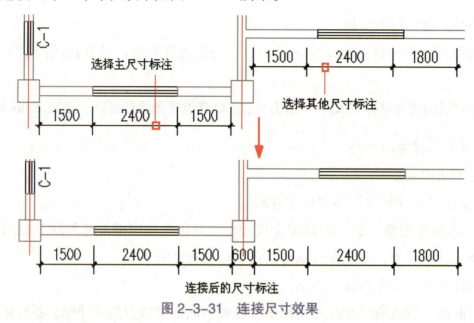

图 2-3-31 连接尺寸效果

（五）增补尺寸

1）命令：TBreakDim。

2）菜单位置："尺寸"→"增补尺寸"。

3）功能：在一个天正自定义直线标注对象中增加区间，将点取的尺寸线区间段断开，加入新的尺寸界线后仍然成为一个标注对象。

点取菜单命令后，命令行提示如下。

请选择尺寸标注＜退出＞：点取要在其中增补的尺寸线分段。

点取待增补的标注点的位置或"参考点（R）"＜退出＞：捕捉点取增补点或输入"R"定义参考点。

如果给出了参考点，这时命令提示如下。

参考点：点取参考点。

点取参考点后从参考点引出定位线，提示：

点取待增补的标注点的位置或［参考点（R）/撤销上一标注点（U）］＜退出＞：按该线方向输入准确数值定位增补点。

点取待增补的标注点的位置或［参考点（R）/撤销上一标注点（U）］＜退出＞：连续点

取其他增补点,没有顺序区别。

……

点取待增补的标注点的位置或 [参考点(R)/撤销上一标注点(U)] <退出>:最后按 Enter 键退出。

执行"增补尺寸"命令添加标注,效果如图 2-3-32 所示。

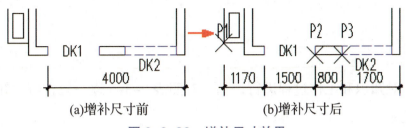

图 2-3-32 增补尺寸效果

注意,尺寸标注夹点提供"增补尺寸"模式控制,拖动尺寸标注夹点时,按 Ctrl 键切换为"增补尺寸"模式,即可在拖动位置添加尺寸界线。

(六)尺寸转化

1)命令:TConvDim。

2)菜单位置:"尺寸"→"尺寸转化"。

3)功能:将 AutoCAD 尺寸标注对象转化为天正标注对象。

点取本命令,命令行提示如下。

请选择 AutoCAD 尺寸标注:一次可以选择多个尺寸标注,按 Enter 键一起转化。

注意,用户选择的几个标注可能是共线的尺寸标注对象,但转化后不会自动连成连续的天正尺寸标注对象,如需进一步连接起来,可以使用"连接尺寸"命令。

(七)尺寸自调

1)命令:TDimAdjust。

2)菜单位置:"尺寸"→"尺寸自调"。

3)功能:将直线或圆弧标注中尺寸较小的区间中,已经标注的重叠文字位置自动上下调整,使之分开。

"尺寸自调"控制尺寸线上的标注文字拥挤时是否自动进行上下移位调整,可反复切换,自调开关的状态影响各标注命令的结果。执行命令后提示如下。

请选择天正尺寸标注:选择已经标注的重叠文字,如果当前"尺寸自调"处于打开状态,即可将重叠的标注文字分开。

注意,本命令不受自调开关的控制,对选中的尺寸标注对象进行上下文字的调整,使之不致上下重叠。尺寸自调效果如图 2-3-33 所示。

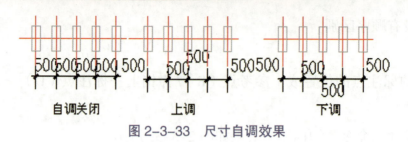

图 2-3-33 尺寸自调效果

任务评价

根据学习情况对知识和工作过程进行评估，对照表 2-3-5 逐一检查所学知识点，并如实在表 2-3-6 中做好记录。

表 2-3-5　知识点检查记录表

检查项目	理解概念		回忆		复述		存在的问题
	能	不能	能	不能	能	不能	
文字标注							
尺寸标注							
绘制门窗							

表 2-3-6　工作过程评估表

确定的目标		1	2	3	4	5	观察到的行为
专业能力	有效沟通						
	测量工具使用						
方法能力	收集信息						
	查阅资源						
社会能力	相互协作						
	同学及老师的支持						
个人能力	执行力						
	做事的专注能力						

注：在对应的数字下面打"√"，1—优秀，2—良好，3—合格，4—基本合格，5—不合格

拓展练习

请练习各种不同标注的使用方法。

子任务四　放置电气组件

**任务实施**

1）打开文件，对图形进行补充，如图 2-3-34 所示。

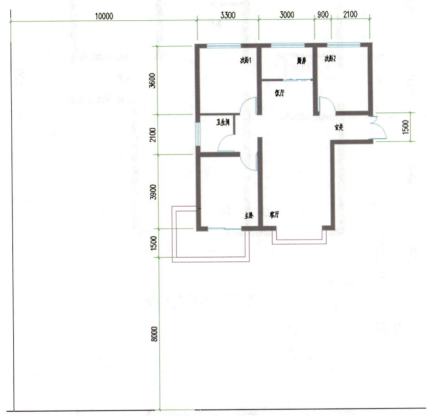

图 2-3-34　补充后的效果

2）去掉上图最左边 10000mm 和最下边 8000mm 的尺寸标注，如图 2-3-35 所示。

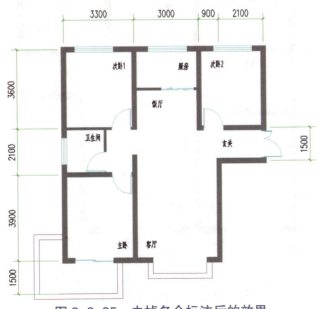

图 2-3-35　去掉多余标注后的效果

3）放置照明配电箱,如图 2-3-36 所示。

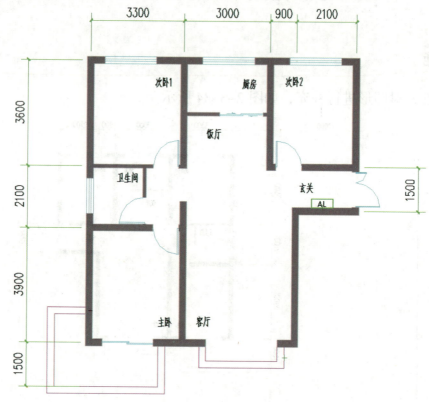

图 2-3-36　照明配电箱

4）放置灯具,如图 2-3-37 所示。

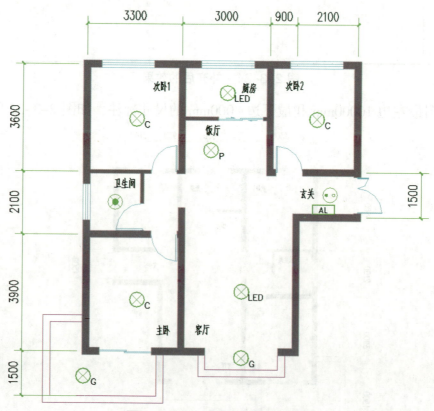

图 2-3-37　放置灯具后的效果

5）放置插座和开关，如图 2-3-38 所示。

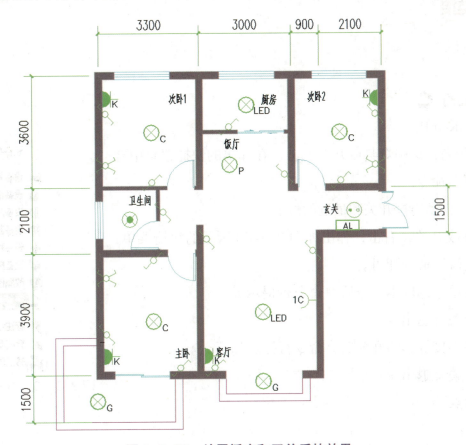

图 2-3-38　放置插座和开关后的效果

6）导线连接，如图 2-3-39 所示。

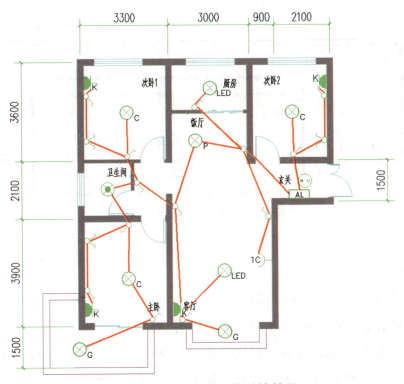

图 2-3-39　连接导线后的效果

知识链接

导线

1. 开关连灯

1）命令：KGLD。

2）菜单位置：选中灯具或开关右击，在弹出的快捷菜单中选择"开关连灯"命令。

3）功能：自动连接开关和最近的灯。

选中灯具或开关，右击，弹出如图 2-3-40 所示的快捷菜单，选择"开关连灯"命令即可。

在右键菜单中选取本命令后，命令行提示如下。

请选择开关 < 退出 >：

框选需要连接灯具的开关后，命令行提示如下。

请选择开关 < 退出 >：

指定对角点：

找到 8 个：

执行过程及执行结果如图 2-3-41 所示。

图 2-3-40 "开关连灯"选择

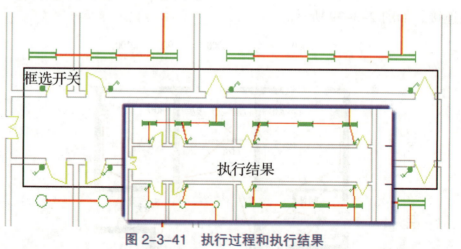

图 2-3-41 执行过程和执行结果

2. 导线打散

1）命令：DXDS。

2）菜单位置："导线"→"导线打散"。

3）功能：将 PLINE 导线打断成 n 个不相连的导线。

在布导线时，系统根据初始设置"布线时相邻 2 导线自动连接"可将连续绘制的导线连成一根导线。有时，需要把这根导线打散，可用此命令。在菜单上选取本命令后，命令行提示如下。

请选取要打散的导线 < 退出 >：

3. 断导线

1）命令：DDX。

2）菜单位置："导线"→"断导线"。

3）功能：用选定导线上两点的方法，截断导线。

本命令主要用于"导线置上"和"导线置下"命令不能满足需要的情况，手动打断一段直线。在菜单上或右击选取本命令后，命令行提示如下。

请选取要打断的导线＜退出＞：从图中选取需要打断的直线，同时所选的点也就是导线上要打断的起始点。

选定后，命令行接着提示如下信息。

再点取该导线上另一截断点＜退出＞：按提示在导线上选取另一截断点后，导线在这两点间被截断。

本命令适用于所有导线层导线，对空心母线同样适用。打断空心母线示例如图2-3-42所示。

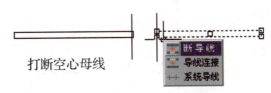

图2-3-42　打断空心母线示例

4. 导线连接

1）命令：DXLJ。

2）菜单位置："导线"→"导线连接"。

3）功能：将被截断的两根导线连接起来。

在菜单上或右击选取本命令后，命令行相继提示如下信息。

请拾取要连接的第一根导线＜退出＞：

再拾取第二根导线＜退出＞：

根据提示拾取要连接的两根导线后，这两根导线被连接起来。在连接弧导线时，拾取弧导线上的点要选在靠近连接处的一端。

注意，"导线连接"命令只能选择两根被打断的导线，即要求它们在同一直线或同一弧线上。

任务评价

根据学习情况对知识和工作过程进行评估，对照表2-3-7逐一检查所学知识点，并如实在表2-3-8中做好记录。

表 2-3-7 知识点检查记录表

检查项目	理解概念		回忆		复述		存在的问题
	能	不能	能	不能	能	不能	
开关连灯							
导线打散							
断导线							
导线连接							

表 2-3-8 工作过程评估表

确定的目标		1	2	3	4	5	观察到的行为
专业能力	有效沟通						
	测量工具使用						
方法能力	收集信息						
	查阅资源						
社会能力	相互协作						
	同学及老师的支持						
个人能力	执行力						
	做事的专注能力						

注：在对应的数字下面打"√"，1—优秀，2—良好，3—合格，4—基本合格，5—不合格

拓展练习

查阅智能家居电气图，了解智能家居的电气组件。

子任务五　参数标注

任务实施

1）打开文件，对图形进行补充，如图 2-3-43 所示。

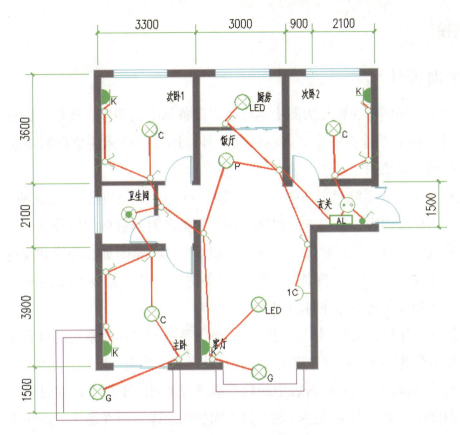

图 2-3-43 补充后的图形

2）对图 2-3-43 中的配电箱、灯具、开关和导线进行标注。

①灯具标注要求：根据不同房间、不同照明功能进行安装方式、光源种类和安装高度等进行设置。

②开关标注要求：小组内根据初始方案，选择相应型号的开关，并进行额定电流、整定电流和安装高度的设置。

③导线标注要求：根据负载的具体情况，选择导线型号、配线方式、敷设部位、导线规格和穿管直径。

④配电箱标注要求：根据回路控制情况，选择配电箱型号和安装高度。

3）对标注后的回路进行赋值检查。

4）生成系统图，要求：生成系统图和参数表。

①三相改为单相。

②入户线接电度表，电度表输出到配电箱。

③回路数改为 8。

④相序设为 L2。

知识链接

标注与平面统计

一般意义上的平面图标注就是为图中的导线、设备标上其型号、规格、数量等。但天正软件–电气系统的标注命令除在图中写入标注文字外，还将一些标注信息附加在被标注的图元上，以便生成材料表时使用。

利用天正软件–电气系统对平面图中的导线和设备进行标注时，共完成两个方面的工作：一方面在图中写入标注内容，另一方面将标注的有关信息附到被标注的导线或设备图块上。这样，在生成材料统计表时，天正软件–电气系统能够自动搜索附加在导线和设备上的信息，从而统计出其型号和数量。另外，附加在导线和设备图块上的信息还可以在下一次被重新标注时，或对其他导线和设备进行标注时利用。

如果用户想在制作统计表时利用天正软件–电气系统的自动搜索功能得到比较准确且尽可能多的信息，就要在进行标注时遵守规则，尽量标注准确、完全；反之，如果不需要天正软件–电气系统帮助制作材料表，或对材料表中的数据准确程度要求不高，标注时就可以随便一些。

插入在平面图中的设备图块虽然可能来自不同的图块库，但在插入后图块本身并未带有任何标记，一个图块放在灯具库还是放在开关库完全是人为划分的，只是为了图块插入时选择方便。真正为设备图块打上标记，是在对这个图块进行标注之后。进行标注后的设备块，制作材料统计表时才能分辨其类型；否则，不管是什么设备，都归在"未注设备"一类。

"导线标注"和"标导线数"的标注内容不能在"造统计表"时被利用，不被列入表中。

（一）设备定义

1）命令: SBDY。

2）菜单位置:"标注统计"→"设备定义"。

3）功能: 对平面图中各种设备进行统计显示在对话框中，同时可以对同种类型的设备进行信息参数的输入和修改，并将标注数据附加在被标注的设备上。

设备标注开始前首先要了解"设备定义"命令。虽然对于每种设备用户都可以单独进行参数信息的定义，但是通过本命令可以统计出图中所有的设备，并对每类设备进行赋值。这样做的好处是可以对图中所有的设备进行参数赋值避免遗漏，同时同类设备只需赋值一次。如果该类设备中有几种不同的设备参数，再用"标注灯具"等命令分别修改设备参数即可。

在菜单上选取本命令后弹出如图2-3-44所示的"定义设备"对话框，其上方有"灯具参数""开关参

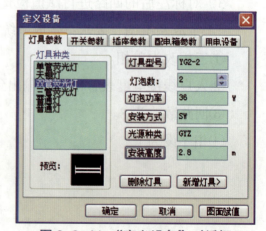

图2-3-44 "定义设备"对话框

数""插座参数""配电箱参数""用电设备"5个选项卡,每个选项卡中都列出了相应设备的标注信息,用户可以通过选择上面的选项卡进行各类设备表格的更换。

每个选项卡的形式差不多,在选项卡左边的列表框中列出了图中所有属于该类设备的名称,同种类型的设备只列一次。当选择其中一种设备后,会在列表框的下方显示该种设备的示意图,同时会在选项卡的右边列出该种设备的所有参数。以"灯具参数"选项卡为例,分别在"灯具型号""灯泡数""灯泡功率""安装高度""安装方式""光源种类"文件框中输入参数后(并不要求输入所有的参数),单击"确定"按钮,即完成了对该灯具的参数输入,也可以单击每个参数前面的按钮,弹出该种参数的选择对话框,用户可以在该对话框中选择、增加或删除参数数据。"开关参数""插座参数""配电箱参数""用电设备"选项卡中参数的输入方法与"灯具参数"选项卡中参数的输入方法相同,只是所需设备参数不同而已。在"定义设备"对话框中也可以对该类型设备的参数进行修改,修改完毕后单击"确定"按钮退出本对话框并储存修改数据,单击"取消"按钮则退出本对话框但参数数据不变。需要注意的是,当用此方法进行设备参数的输入或修改后,则该种类型的所有设备参数都相同,以刚输入的数据为准。

(二)拷贝信息

1)命令:KBXX。

2)菜单位置:"标注统计"→"拷贝信息"。

3)功能:可复制图中已有设备的信息至目标设备(此命令也可用于导线之间信息的复制,但回路信息无法复制)。

在菜单上或右击选取本命令后,命令行提示如下。

请选择拷贝源设备或导线(左键进行拷贝,右键进行编辑)<退出>

本命令采用动态显示技术,当鼠标指针划过图元时,信息自动显示。根据命令行提示选择要复制信息的源设备或导线,单击则复制信息,右击弹出相应设备或导线的参数输入对话框,在该对话框中进行修改可以更改设备或导线参数信息。

选择好源设备后,命令行接着提示:

请选择拷贝目标设备或导线(同时按 Ctrl 键进行编辑)<退出>

单击要复制信息的目标设备则源设备或导线的各项参数都已经复制到目标设备或导线上,可以通过下面的例子进行操作讲解。

例 2-3-1:在已执行过"设备定义"命令的图中,新增单管荧光灯(它们无信息),复制已有单管荧光灯信息,赋值并检查,如图 2-3-45 所示。

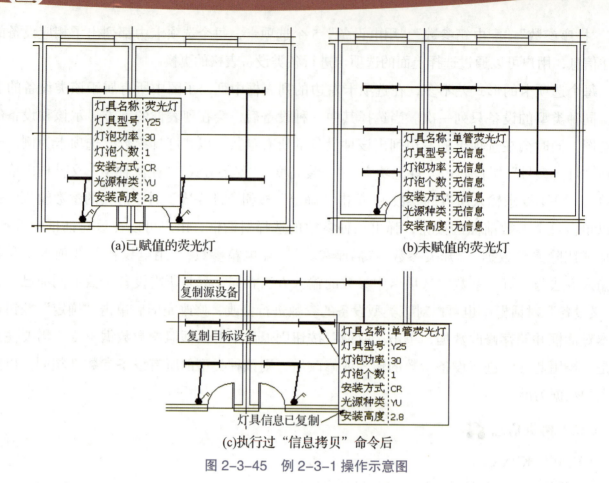

图 2-3-45 例 2-3-1 操作示意图

(三) 标注灯具

1) 命令: BZDJ。

2) 菜单位置: "标注统计" → "灯具标注"。

3) 功能: 按国家标准规定格式对平面图中灯具进行标注, 同时将标注数据附加在被标注的灯具上, 并对同种灯具进行标注。

在菜单上选择本命令后, 弹出如图 2-3-46 所示的"灯具标注信息"对话框。

同时命令行提示如下。

请选择需要标注信息的灯具 <退出>:

此时, 可用各种 AutoCAD 选择图元的方式选择要标注的灯具, 也可选图块符号相同的几个灯具, 所选灯具的各项参数会显示在"灯具标注信息"对话框中, 可以对其中的参数进行修改, 与"设备定义"命令不同的是, 本命令不仅可以标注信息, 还可以对同种灯具分别进行不同参数的输入, 选择完毕后命令行提示如下。

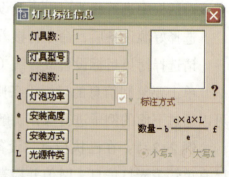

图 2-3-46 "灯具标注信息"对话框

请输入标注起点 { 修改标注 "S" } <退出>:

根据命令行提示选择标注引线的起始点, 再选择标注的放置点, 标注的左右方向由引线的角度自行调整, 用户可用鼠标调整。通过下面的例子进行操作讲解。

例 2-3-2： 在已执行过"设备定义"的图中，对两个双管荧光灯进行标注，执行本命令后选择要标注的两个双管荧光灯，弹出"灯具标注信息"对话框，单击"安装方式"按钮，弹出"安装方式"对话框，从列表中选取需要的安装方式，确定后返回安装方式，其他参数的选择与安装方式参数类似［图 2-3-47（a）］。在图中点取标注引线的起点，此时会出现标注的预演，用户可以通过鼠标移动此标注信息放到合适的位置，最后点取引线的终点，标注会自动调整放置方向［图 2-3-47（b）］。

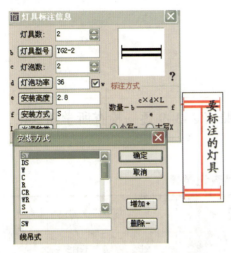 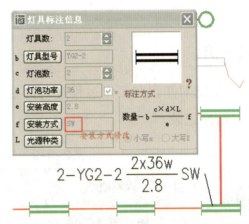

(a)选取标注灯具并修改参数　　　　　(b)点取标注起始点完成标注

图 2-3-47　灯具标注

标注灯具时的标注信息来自"标注统计"→"设备定义"所输入的灯具信息，或者用本命令也可以输入或更改此灯具的标注信息。

灯具标注信息的字体大小可以在"初始设置"（即"选项"中的"电气设定"）中设定，在"标注文字"选项组中（图 2-3-48），"文字样式"可以通过下拉菜单选择，"字高"和"宽高比"可以在文本框中直接输入。

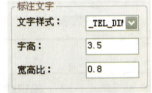

图 2-3-48　选项对话框中标注文字栏设定

（四）标注设备

1）命令：BZSB。

2）菜单位置："标注统计"→"标注设备"。

3）功能：按国际规定形式对平面图中电力和照明设备进行标注，同时将标注数据附加在被标注的设备上。

在菜单上选取本命令后，弹出如图 2-3-49 所示的"用电设备标注信息"对话框。

同时命令行提示如下。

请选择需要标注信息的用电设备＜退出＞：

此时可用各种 AutoCAD 选择图元的方式选择要输

图 2-3-49　"用电设备标注信息"对话框

入标注信息的设备，一次只能标注一个设备。"用电设备标注信息"对话框中显示该种设备的各项参数，在此对话框中分别输入或修改"设备编号""额定功率""规格型号"等文本框中的参数后（并不要求输入所有的参数），命令行接着提示如下。

请输入标注起点 { 修改标注 [S] }< 退出 > :

请给出标注引出点 < 不引出 > :

根据命令行提示选择标注引线的起点，再在图中点取标注引线的终点，标注根据引线方向自动调整放置。

任务评价

根据学习情况对知识和工作过程进行评估，对照表2-3-9逐一检查所学知识点，并如实在表2-3-10中做好记录。

表 2-3-9 知识点检查记录表

检查项目	理解概念		回忆		复述		存在的问题
	能	不能	能	不能	能	不能	
生成电气图的步骤							
电气图的识读							
参数表							

表 2-3-10 工作过程评估表

确定的目标		1	2	3	4	5	观察到的行为
专业能力	有效沟通						
	测量工具使用						
方法能力	收集信息						
	查阅资源						
社会能力	相互协作						
	同学及老师的支持						
个人能力	执行力						
	做事的专注能力						

注：在对应的数字下面打"√"，1—优秀，2—良好，3—合格，4—基本合格，5—不合格

拓展练习

对强电系统进行回路检查。

子任务六　输出成套图纸

任务实施

小明家的电气图已经设计完成，请同学们根据所学知识将电气图等相关信息整合输出一份完整的三居室电气系统图，用于指导小明家实际的电气施工。

知识链接

阅读建筑电气工程图必须熟悉电气图的基本知识（如表达形式、通用画法、图形符号、文字符号）和建筑电气工程图的特点，同时掌握一定的阅读方法，才能比较迅速全面地读懂图纸，以完全实现读图的目的。

阅读建筑电气工程图的方法没有统一规定，但拿到一套建筑电气工程图时，面对一大摞图纸，究竟如何阅读？根据经验，通常可按下面方法进行识图，即了解概况先浏览，重点内容反复看；安装方法找大样，技术要求查规范。

阅读一套图纸的一般程序如下。

（一）看标题栏及图纸目录

看标题及图纸目录，了解工程名称、项目内容、设计日期及图纸数量和内容等。

（二）看总说明

看总说明，了解工程总体概况及设计依据，了解图纸中未能表达清楚的各有关事项，如供电电源的来源、电压等级、线路敷设方法、设备安装高度及安装方式、补充使用的非国标图形符号、施工时应注意的事项等。有些分项局部问题是分项工程的图纸上说明的，看分项工程图时，也要先看设计说明。

（三）看系统图

各分项工程的图纸中都包含系统图，如变配电工程的供电系统图、电力工程的电力系统图、照明工程的照明系统图及电缆电视系统图等。看系统图的目的是了解系统的基本组成，主要电气设备、元件等连接关系及它们的规格、型号、参数等，掌握该系统的组成部分。

（四）看平面布置图

平面布置图是建筑电气工程图纸中的重要图纸之一，如变配电所电气设备安装平面图（还应有剖面图），电力平面图，照明平面图，防雷、接地平面图等，都是用来表示设备安装位置、线路敷设部位、敷设方法及所用导线型号、规格、数量、管径大小的。在通过阅读系统图了解系统组成概况之后，即可依据平面图编制工程预算和施工方案，具体组织施工了。所以，必须熟读平面图。阅读平面图时，一般可按如下顺序：进线→总配电箱→干线→支干线→分配电箱→用电设备。

（五）看电路图

看电路图，了解各系统中用电设备的电气自动控制原理，用来指导设备的安装和控制系统的调试工作。因电路图多采用功能布局法绘制，看图时应依据功能关系从上至下或从左至右一个回路、一个回路地阅读。熟悉电路中各电器的性能和特点，对读懂图纸将有极大的帮助。

（六）看安装接线图

看安装接线图，了解设备或电器的布置与接线。与电路图对应阅读，进行控制系统的配线和调校工作。

（七）看安装大样图

安装大样图是用来详细表示设备安装方法的图纸，是依据施工平面图，进行安装施工和编制工程材料计划时的重要参考图纸。特别是对于初学安装的人员，安装大样图更显重要，甚至可以说是不可缺少的。安装大样图多采用全国通用电气装置标准图形。

（八）看设备材料表

设备材料表提供了该工程使用的设备、材料的型号、规格和数量，是编制购置设备、材料计划的重要依据之一。

阅读图纸的顺序没有统一的规定，可以根据需要灵活掌握，并应有所侧重。

为更好地利用图纸指导施工，使安装施工质量符合要求，还应阅读有关施工及验收规范、质量检验评定标准，以详细了解安装技术要求，保证施工质量。

任务评价

根据学习情况对知识和工作过程进行评估，对照表 2-3-11 逐一检查所学知识点，并如实在表 2-3-12 中做好记录。

表 2-3-11　知识点检查记录表

检查项目	理解概念		回忆		复述		存在的问题
	能	不能	能	不能	能	不能	
图纸输出							
电气图的识读							

表 2-3-12　工作过程评估表

确定的目标		1	2	3	4	5	观察到的行为
专业能力	有效沟通						
	测量工具使用						
方法能力	收集信息						
	查阅资源						
社会能力	相互协作						
	同学及老师的支持						
个人能力	执行力						
	做事的专注能力						

注：在对应的数字下面打"√"，1—优秀，2—良好，3—合格，4—基本合格，5—不合格

拓展练习

生成三居室电气系统图。

任务四 展示与评价

任务引入

请同学们将项目实施的全过程和绘制的三居室电气图成果进行汇报展示。

任务实施

一、制作客户手册展示 PPT

PPT 主要内容:
1)组内分工情况。
2)现场勘察情况。
3)用户需求情况。
4)配电组件方案的选择。
5)电气系统客户手册,主要有客记手册目录、技术说明、电气设备平面布置图、电气系统图、负荷列表、电气元件清单等相关信息。

二、展示

具体要求如下。
1)每组展示讲解时间:10min。
2)答辩:5min。
3)展示者的要求。
①仪表仪容:端庄大方,自然从容,目光温顺平和,站立应挺直、舒展、收腹、眼睛平视前方,着装整洁、大方。
②讲解要求:应尽量做到"声""形""情""韵"恰到好处。
声:声音洪亮、字正腔圆。
形:肢体语言大方自然。
情:感情丰富,有感染力。
韵:语言表达韵味十足。

三、评估

评估分为组内自评、组内互评、组际互评,具体要求如下。

1）组内自评：评价的对象是学生本人，思考自己在整个活动过程中的表现，明白自己在活动中的不足，明确自己今后的努力方向。

2）组内互评：在学生自我评价的基础上，进行小组成员之间的互相评价。互评时，主要从参与是否积极、合作是否友好、工作是否认真负责等方面进行，由小组长根据大家的意见，记录评价结果。

3）组际互评：组与组之间的相互评价，不仅要评价对知识的掌握程度，还要评价学习态度、学习能力等。

知识链接

自评与互评中心理状态的调控

在评价过程中，有效地调控学生的心理状态，使他们正确认识评价的意义，树立正确的自我意识，建立良好的人际关系，形成正确的价值观，为评价的顺利实施铺平道路。

一、自我意识的调控

正确认识自我是正确评价自己的前提。通过自我评价同学们可以明确自己的角色、任务，并努力实现自我。自我评价能使同学们看到自己的优点，增强自己的信心；找出自己的不足，促进自身能力的提升。一个人只有正确地认识了自我，才能正确地评价自己和他人。

二、价值导向的调控

每个人的价值观是不同的，即使是同一个目标，对不同的人而言，价值也会有所不同。价值高的，就看得重一些；价值小的，就看得轻一些，这样的心理使价值导向产生了混乱。只有明确了个人的价值与集体的价值之间的内在联系，才会有正确的个人价值导向。

三、情感的调控

评价中参与的人众多，如果是高兴的就去做，不高兴的就不去做，甚至阻碍别人去做，会影响评价的公正性。并且，人具有情感，评价过程中应重视成员之间的情感沟通，协调成员之间的关系，力求成员情感相融。良好的情感氛围，使评价过程事半功倍。

四、评价目的的调控

正确认识评价目的，是做好评价的关键。让参与者了解评价的目的，通过自评与互评不断地完善自身，实现自我价值；明确评价的是非，知道正确与错误，使他们能自己把握自己，主动走出评价的心理误区。学会把握和运用评价标准，坚持实事求是的评价原则。

 **任务评价**

根据学习情况对知识和工作过程进行评估,对照表 2-4-1 逐一检查所学知识点,并如实在表 2-4-2 中做好记录。

表 2-4-1 知识点检查记录表

检查项目	理解概念		回忆		复述		存在的问题
	能	不能	能	不能	能	不能	
PPT 制作							
汇报情况							

表 2-4-2 工作过程评估表

确定的目标		1	2	3	4	5	观察到的行为
专业能力	有效沟通						
	测量工具使用						
方法能力	收集信息						
	查阅资源						
社会能力	相互协作						
	同学及老师的支持						
个人能力	执行力						
	做事的专注能力						

注:在对应的数字下面打"√",1—优秀,2—良好,3—合格,4—基本合格,5—不合格

 拓展练习

通过网络,查阅智能家居的相关知识。

项目三

综合项目——复式住宅电气系统识图与绘制

案例导入

小明工作很努力，通过 5 年的打拼，想进一步提高生活指数，于是又买了一套复式结构的新房因为你之前给小明设计的电气图效果非常好，所以装修公司又将电气图设计的具体工作交给了你。让我们一起完成小明家新房的电气系统图的设计吧，如图 3-0-1 所示。

图 3-0-1　复式住宅效果图

学习目标

知识目标：

1. 软件的综合运用。
2. 电气图设计技巧。
3. 能运用软件进行照度等的计算。

技能目标：
1. 能绘制复杂的电气图。
2. 熟练掌握完整的电气图设计工作流程。

素养目标：
1. 具有良好的人际交往与团队协作能力。
2. 具备获取信息、学习新知识的能力。
3. 树立节能环保的节约意识。

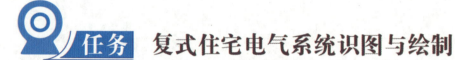

任务 复式住宅电气系统识图与绘制

任务引入

请对复式结构住宅进行电气系统图的设计。

任务实施

请各小组根据组内情况做好分工，完成复式住宅电气系统图绘制，工作过程参照项目一、项目二进行。

基本要求：

1）详细的计划，应包含组织、实施等。

2）绘图要求：

①应有尺寸标注和房间名称（如客厅、厨房等）。

②所有设备应有参数标注。

③应有必要的负荷计算等。

3）完整的客户手册。

4）汇报材料，如PPT等。

复式住宅的配电系统图如图3-1-1所示。

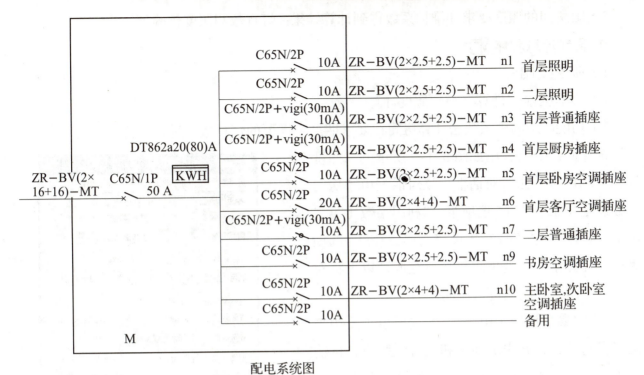

配电系统图

图 3-1-1 复式住宅的配电系统图

一、照度计算

本项目中所介绍的"照度计算"命令主要用于根据房间的大小、计算高度、灯具类型、反射率、维护系数及房间要求的照度值确定之后，选择恰当的灯具，然后计算该工作面上达到标准时需要的灯具数，并对计算结果条件下的照度值进行校验。

1. 照度计算方法

利用系数计算法用于计算平均照度与配灯数。利用系数由带域空间法计算，即先利用房间的形状、工作面、安装高度和房间高度等求出室空间比（支持不规则房间的计算）；然后由照明器的类型参数，顶棚、墙壁、地面的反射系数求出利用系数，最后根据房间照度要求和维护系数就可以求出灯具数和照度校验值。

带域空间法计算利用系数吸收了各国的研究成果，理论上比较完善，适用于各种场所。它将光分成直射和反射两部分，将室分成3个空间。其中，光的直射部分用带系数法进行计算，给出了带乘数的概念；反射部分应用数学分析法解方程，抛弃了用经验系数计算的方法。其计算简便、准确，是一种较先进的方法。

进行照度电流计算的步骤如下：

1）确定房间的参数，即长、宽、面积、工作面高度和灯具安装高度等，由此可得室空间比。

2）确定照明器的参数，查表求得利用系数。

3）由房间的照度要求和维护系数得到计算结果：灯具数和照度校验值。

2. 照度计算程序

1）命令：ZDJS。

2）菜单位置："计算"→"照度计算"。

3）功能：用利用系数法计算房间在要求照度下需要的灯具数并进行校验。

选择此命令会弹出如图 3-1-2 所示的"照度计算-利用系数法"对话框。该对话框由"房间参数设定（第一步）"选项组、"利用系数（第二步）"选项组、"光源参数设定（第三步）"选项组和"计算结果"选项组等部分组成，以下将对每部分中的主要功能进行说明。

"房间参数设定（第一步）"选项组主要用来设定房间参数，其中房间长和宽有由用户自行输入或系统根据图中的房间选定两种设置方法。

1）用户如果想要自行输入房间长和宽，只需在"房间长（m）"文本框和"房间宽（m）"文本框中输入数值即可。

2）用户如果想从图中选取房间大小只需单击"选定房间"按钮，这时"照度计算-利用系数法"对话框消失，进入设计图，所要计算照度的房间应在屏幕上的当前图中。

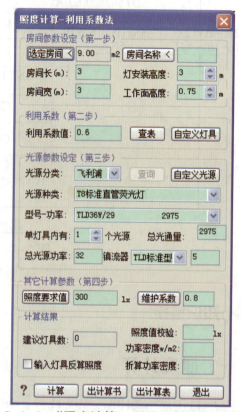

图 3-1-2 "照度计算-利用系数法"对话框

3）下面以某房间的照度计算为例说明如何选取房间参数。单击"选定房间"按钮后，屏幕命令行提示如下。

请输入起始点 { 选取行向线 [S] / 选取房间轮廓 PLine 线 [P] }< 退出 >：

若是异形房间（前提绘制房间的闭合 PL 线，或"操作"→"建筑"→"房间轮廓"自动生成闭合的 PL 线），则直接输入"P"，然后直接点取 PL 线即可。若是矩形房间，则点取房间的一个内角点，此时命令行继续提示如下。

请输入对角点：

这时需要用户点取房间的另一个对角点。用户在进行选择时，可以看见预演，即以默认的矩形框形式预演房间的形状及大小。点取房间的对角点后就完成了对房间大小的选择，系统重新出现"照度计算-利用系数法"对话框，并在"房间长（m）"文本框和"房间宽（m）"文本框中显示该房间长和宽的数值（长宽的数值按照 1∶100 的比例自动换算为 m）。这种方法不必输入房间的面积，因为软件会根据房间的长和宽自动在"房间面积（m²）"文本框中变更数值。

"灯安装高度（m）"和"工作面高度（m）"两项分别表示灯具距地面高度和所要计算照度的平面离地的高度。可以手动输入也可通过按钮来增加或减少数值。

"利用系数（第二步）"选项卡主要用来计算利用系数，其中包括"利用系数值"文本框，在其中用户可以直接输入利用系数值，也可以通过单击"查表"和"自定义灯具"按钮，在弹出的相应对话框中输入参数计算利用系数，并把计算结果返回"利用系数值"文本框。利用系数是求照度的关键，只有求出了利用系数才能进行后面的计算。下面就两种计算对话框的使用方法分别进行介绍。

① "查表"：单击"查表"按钮，弹出如图 3-1-3 所示的"利用系数 – 查表法"对话框。在该对话框中应首先确定"查表条件"选项组中的各项参数。其中包括"顶棚反射比（%）""墙面反射比（%）""地面反射比（%）" 3 个下拉列表，用户可选择相应反射比值，并在"灯具信息"选项组中选择相应灯具。软件中该灯具及其相应的利用系数表均摘录自《照明设计手册（第二版）》。参数设定完成后，单击"查表"按钮即可求出利用系数值。

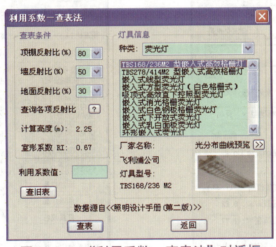

图 3-1-3 "利用系数 – 查表法"对话框

如果单击"查旧表"按钮，则弹出如图 3-1-4 所示的对话框。在该对话框中首先确定"查表条件"选项组中的各项参数，如"顶棚"和"墙面"。用户可以在相应按钮右边的文本框中直接输入数据，也可以单击按钮，弹出如图 3-1-5 所示的"反射比选择"对话框，其中提供了常用反射面反射比和一般建筑材料反射比中一部分材料反射比的参考值。

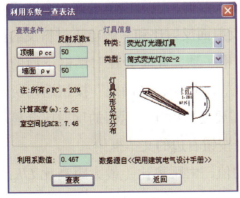

图 3-1-4 "利用系数 – 查表法"对话框

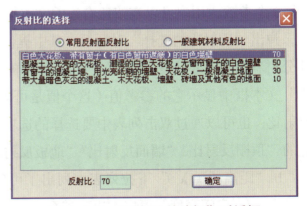

图 3-1-5 "反射比的选择"对话框

确定"灯具信息"选项组中的各项参数，通过"种类"和"类型"两个下拉菜单选择所需灯具的类型。完成后在"灯具外形及光分布"预演框中显示该灯具的外形及配光曲线图。单击"查表"按钮，"利用系数值"文本框中显示利用系数的数值，单击"返回"按钮结果将显示在主对话框中，此时主对话框中"光源参数设定（第三步）"选项组的各项参数会根据查利用系数时涉及的光源参数自动智能生成，如图3-1-6所示。

② "自定义灯具"：单击"自定义灯具"按钮，弹出如图3-1-7所示的"利用系数–计算法"对话框。

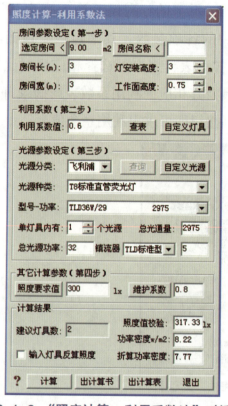

图3-1-6 "照度计算–利用系数法"对话框

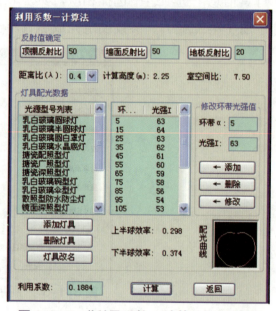

图3-1-7 "利用系数–计算法"对话框

该对话框是用来计算利用系数的，其中包含大量参数，下面我们将对该对话框的各项功能逐一介绍。

a. "反射值确定"。"反射值确定"选项组包括"顶棚反射比""墙面反射比""地板反射比"3个参数，用户可以在按钮右边的文本框中直接输入数据，也可以单击这3个按钮其中之一，弹出"反射比的选择"对话框。其中提供了常用反射面反射比和一般建筑材料反射比中一部分材料反射比的参考值，用户可以通过单击选择其中一项，此时会在对话框下面的"反射比"文本框中显示它的参考值（这个值是可以修改的），然后单击"确定"按钮返回所选择的反射比；也可以通过双击列表中要选择的选项，返回需要的反射比。返回的反射比会显示在相应的"顶棚反射比""墙面反射比""地板反射比"3个按钮右边的文本框中。

b. "距离比（λ）"下拉列表中列出了可供选择的值，由距离比（最大距高比L/h，$L-$房间长度、$h-$房间高度）可以查出环带系数。

c. "计算高度（m）"是不能编辑的，它由"照度计算-利用系数法"对话框中的"灯具安装高度"和"工作面高度"两项相减得到。

d. "室空间比"也是不能编辑的，它由公式 $RCR=5 \times H_{rc} \times (L+W) / (L \cdot W)$ 求出，其中，RCR 为室空间比；H_{rc} 为计算高度；L 为房间长度；W 为房间宽度。

e. "灯具配光数据"。当以上参数全部得出后，即可开始输入"灯具配光数据"选项组中的各项参数值。灯具各方向平均光强值可由配光曲线得到，通过各方向已知光强乘以球带系数可得出 环带光通量。在本选项组中提供了一些常用光源型号的配光曲线（其数据来自《建筑灯具与装饰照明手册》），用户可以在"光源型号列表"中选择所需光源类型的配光曲线。在选取一种光源后，"环带、光强列表"中会显示这种光源每个环带角度相对应的光强值。同时，软件为用户提供了自己添加配光曲线的方法。单击"添加灯具"按钮，可以在"光源型号列表"的最下面添加一个新的光源名称。用户可以单击"灯具改名"按钮为光源重新命名，也可以单击"删除灯具"按钮从"光源型号列表"中删除选中的光源型号；用户也可以自由地编辑每种光源的配光曲线，当用户在"环带、光强列表"中选取一组数据时，该组数据分别显示到列表右边的"环带 α"和"光强 I"文本框中，用户可以在这两个文本框中输入新的数据。如果单击"修改"按钮，则"环带、光强列表"中选中的一组数据将被新的数据所代替；如果单击"删除"按钮，则该组数据从"环带、光强列表"中删除；如果单击"添加"按钮，则"环带 α"和"光强 I"文本框中的新数据被添加到列表中。因为每个环带角只能对应一个光强，所以如果"环带 α"文本框中的新数据与列表中某个数据相同，列表会提醒用户重新输入环带角度。

f. "上半球效率"和"下半球效率"是用来显示照明器上、下半球效率的。上、下半球效率就是灯具上部和下部光输出占光源总光通量的百分比（上部光通量为照明器 0°~90° 输出的光通量，下部光通量为照明器 90°~180° 输出的光通量）。灯具的上、下半球效率可由配光曲线计算得来，因此当用户选中一组光源的配光曲线或修改某种光源的配光曲线时，灯具的上、下半球效率都会发生相应的变化。在"利用系数-计算法"对话框的右下角还有配光曲线的预演图，该图也是随着配光曲线的数据做相应变化的。

完成参数输入以后，用户只要单击"计算"按钮就可以计算利用系数了，得出的数值会显示在"利用系数-计算法"对话框最下边的"利用系数"文本框中，单击"返回"按钮则该文本框中的数值返回主对话框"利用系数"按钮右边的文本框中。

"光源参数设定"选项组主要是用来选定照明器光通量参数和计算利用系数的，其中"光源分类"下拉列表框、"光源种类"下拉列表框和"型号-功率"下拉列表框必须通过下拉菜单选择，但这几项之间存在联系。"光源分类"决定着"光源种类"和"光源型号"，"光源种类"又决定着"光源型号"，这样分类可以明确地划分灯具的类别，方便用户查找所需要的灯具类型近似光通量。这里说"近似"是因为灯具的光通量除与功率有关外，还与电压有关，而这里未考虑电压的因素，因此所得光通量仅对于 220V 电压是准确的。在本选项组的下边有一个光源个数文本框可以确定每一个光源中所含光源的个数,如果调整光源个数,则相应的光通量也会改变,光通量的大小为单个光源光通量乘以光源个数。

在完成"光源参数设定"选项组中各参数的设置后,需要确定房间的照度要求值和维护系数两项参数。房间的照度要求值可以由用户在"照度要求值"文本框中输入,也可单击"照度要求值"按钮,弹出"照度标准值选择"对话框(图3-1-8),该对话框列出了一些常用建筑各个不同场所对照度的要求参考值,在该对话框的上部有一个下拉菜单,用户可以通过它选择建筑物的类型,当选定建筑物后,在列表中会出现该种建筑物中的主要场所及其要求的照度值,用户可双击某条记录,其照度值就会显示在"照度参考值"文本框中(该值用户是可以根据实际情况修改的),再单击"返回"按钮,则该值显示在"照度要求值"文本框中。

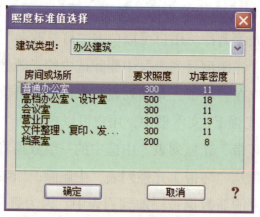

图3-1-8 "照度标准值选择"对话框

由于照明设备久经使用后,工作面照度值会下降,为了维持一定的照度水平,计算室内布灯时要考虑维护系数以补偿这些因素的影响。单击"维护系数"按钮,弹出图3-1-9所示的"维护系数"对话框。其中列举了常用的几种条件下的维护系数的值,双击选取并返回该维护系数即可。

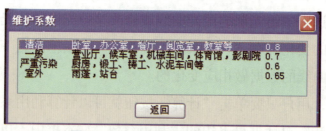

图3-1-9 "维护系数"对话框

至此照度计算所需要的参数都已输入或选择完毕,单击"计算"按钮,计算结果就会显示在"计算结果"选项组中的"建议灯具数""照值校验""功率密度"文本框中,另外勾选"输入灯具反算照度"复选框,可输入灯具,重新计算照度。

单击"出计算书"按钮,可将所得的照度计算结果以计算书的形式保存为Word文件。单击"出计算表"按钮,可将所得的照度计算结果以计算表的形式在平面图上显示。

3. 行照度计算程序（ZDJS2）

菜单位置："计算"→"多行照度"。

功能：同时计算多个房间照度，并根据计算结果提供多种自动方案，计算方法同照度计算。

多行照度计算方法同照度计算，采用利用系数法，在图纸中框选房间后，可同时对已设置的每一个房间进行照度计算，界面如图 3-1-10 所示。

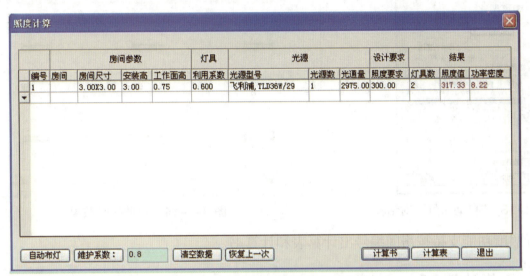

图 3-1-10 多行照度（一）

房间尺寸：在图纸中框选房间范围，单击房间尺寸下的表格（图 3-1-11），出现按钮，单击选择房间。

图 3-1-11 房间尺寸

全部设置完成后如图 3-1-12 所示。

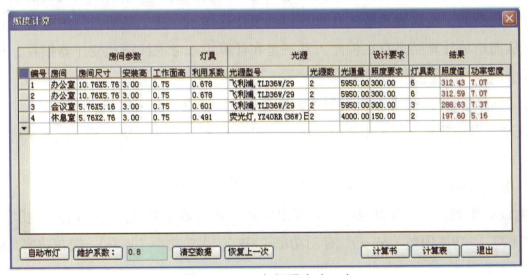

图 3-1-12 多行照度（二）

设置完成后,选取一个房间,单击"自动布灯"按钮,弹出"自动布灯"对话框,提供集中自动方案供选择,同时可手工调节灯具数量,如图3-1-13所示。

选取方案后,单击"预览"按钮,可在图中自动将灯具插入,输入"Y"即可完成操作,如图3-1-14所示。

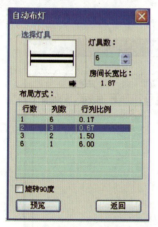

图3-1-13 "自动布灯"对话框

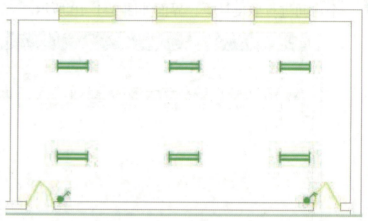

图3-1-14 自动布灯效果

多行照度功能支持按房间编号出计算表和计算书。

二、负荷计算

1)命令:FHJS。

2)菜单位置:"计算"→"负荷计算"。

3)功能:计算供电系统的线路负荷。

本计算程序采用了供电设计中普遍采用的需要系数法(《工业与民用配电设计手册》)。需要系数法的优点是计算简便,使用普遍,尤其适用于配变电所的负荷计算。本计算程序进行负荷计算的偏差主要来自3个方面:其一是需要系数法未考虑用电设备中少数容量,特别大的设备对计算负荷的影响,因而在确定用电设备台数较少而容量差别相当大的低压分支线和干线的计算负荷时,按需要系数法计算所得结果往往偏小。其二是用户使用需要系数与实际有偏差,从而造成计算结果存在偏差。其三是在计算中未考虑线路和变压器损耗,从而使计算结果偏小。

负荷计算命令有两种获取负荷计算所需数据的方法,具体介绍如下。

1)在系统图中搜索获得(主要是适用于"照明系统""动力系统"和"配电系统"命令自动生成的系统)。

2)利用对话框输入数据。"负荷计算"对话框中各项的功能如下。

"用电设备组列表":以列表形式罗列出所需计算的各组数据,包括回路、相序、负载、需要系数(K_X)、功率因数($\cos\varphi$)、有功功率(kW)、无功功率(kvar)、视在功率(kV·A)、计算电流(A)。

"系统图导入":返回AutoCAD选择已生成的配电箱系统图母线,系统自动搜索获得各回路数据信息。

"恢复上次数据"：可以恢复上一次的回路数据。

"导出数据"：将回路数据导出文件（*FHJS）保存。

"导入数据"：将保存的 *FHJS 文件导入。

"同时系数 k_p""同时系数 k_q""进线相序"：用户可输入整个系统进线参数。

"三相平衡"：如果用户详细输入每条回路相序（按 L1、L2、L3），系统可以采用三相平衡法根据单项最大电流值计算总的计算电流（附加要求：需要系数、功率因数各组必须一致）。

"计算结果"：包含"有功功率 P_{js}""无功功率 Q_{js}""总功率因数""视在功率 S_{js}""计算电流 I_{js}"。

"计算"：单击该按钮后，计算出"有功功率 P_{js}""无功功率 Q_{js}""总功率因数""视在功率 S_{js}""计算电流 I_{js}"等计算结果并显示到"计算结果"选项组中。

"出计算书"：单击该按钮后，可将负荷计算结果以计算书的形式直接存为 Word 文件。

"绘制表格"：单击该按钮后，可把刚才计算的结果绘制成 AutoCAD 表格插入图中。此表为天正表格，右击，利用弹出的右键菜单可导出 Excel 文件进行备份。

"退出"：单击该按钮后，结束本次命令并退出对话框。

例如：如何利用已存在系统图，再增加一条水泵回路，进行负荷计算。

1）打开如图 3-1-15 所示的"负荷计算"对话框，单击"系统图导入"按钮，对话框消隐后，选择母线。该系统图所有回路信息（回路编号、回路负载）导入计算对话框。系统图导入：选择母线如图 3-1-16 所示。

图 3-1-15 "负荷计算"对话框

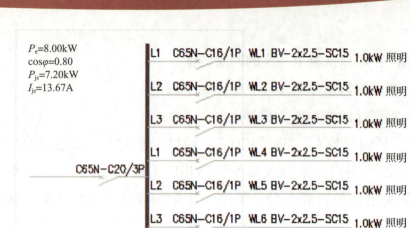

图 3-1-16　系统图导入：选择母线

2）直接在表格增加一个用电设备组。手动填写"回路""负载"，选择"相序"，填写"功率因数""需用系数"，也可单击"功率因数"或"需用系数"的单元格右侧，弹出数据对话框，从数据库中选择。

3）所有设备组皆可以双击进入如图 3-1-17 所示的对话框，进行重新编辑。

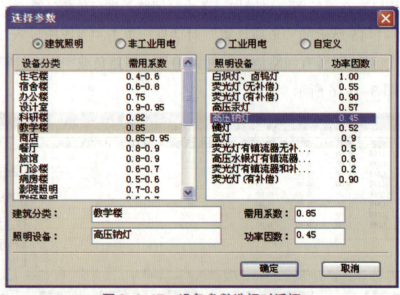

图 3-1-17　设备参数选择对话框

4）单击"计算"按钮，得到"有功功率""无功功率""视在功率""总功率因数""计算电流"的数值。

5）选择"补偿后功率因数"，可得到补偿容量值如图 3-1-18 所示。

图 3-1-18 "负荷计算"对话框效果

6）单击"变压器"按钮，根据"负荷率""变压器厂家、型号"可计算出变压器额定容量。

7）单击"绘制表格"按钮，可把刚才计算的结果绘制成 AutoCAD 表格插入图中。此表为天正表格，利用右键菜单可导出 Excel 文件进行备份。

8）单击"计算书"按钮，也可将计算书直接存为 Word 文件。

任务评价

根据学习情况对知识和工作过程进行评估，对照表 3-1-1 逐一检查所学知识点，并如实在表 3-1-2 中做好记录。

表 3-1-1 知识点检查记录表

检查项目	理解概念		回忆		复述		存在的问题
	能	不能	能	不能	能	不能	
项目书							
团队合作							

表 3-1-2　工作过程评估表

确定的目标		1	2	3	4	5	观察到的行为
专业能力	有效沟通						
	测量工具使用						
方法能力	收集信息						
	查阅资源						
社会能力	相互协作						
	同学及老师的支持						
个人能力	执行力						
	做事的专注能力						

注：在对应的数字下面打"√"，1—优秀，2—良好，3—合格，4—基本合格，5—不合格

拓展练习

尝试绘制办公场地的电气图。

项目四
创新项目——别墅电气系统识图与绘制

📖 案例导入

小明为了让父母住上新房，在家乡自建了一栋别墅，如图 4-0-1 所示，让我们一起帮小明设计新的电气系统图的设计吧。

图 4-0-1　别墅效果图

📖 学习目标

知识目标：

1. 软件的综合运用。
2. 电气图设计技巧。
3. 避雷装置设计。

技能目标:

1. 能绘制复杂的电气图。

2. 熟练掌握完整的电气图设计工作流程。

素养目标:

1. 具有良好的人际交往与团队协作能力。

2. 具备获取信息、学习新知识的能力。

3. 树立节能环保的节约意识。

 别墅电气系统识图与绘制

任务引入

下面请你为小明建的乡村别墅设计电气系统图。

任务实施

请各小组根据参考图例完成别墅电气图的绘制,需要组内同学合作完成,工作过程参照项目一、项目二进行。

基本要求:

1)详细的计划,应包含组织、实施等。

2)绘图要求:

①应有尺寸标注和房间名称(如客厅、厨房等)。

②所有设备应有参数标注。

③应有必要的负荷计算等。

3)完整的客户手册。

4)汇报材料,如 PPT 等。

本项目所需电气施工图、配电系统图、弱电系统图示例如图 4-1-1~ 图 4-1-3 所示。

电气施工图目录				
图号	名称	纸张	比例	备注
电施-01	配电系统图	A3		
电施-02	插座平面图	A3	1:60	
电施-03	空调配电平面图	A3	1:60	
电施-04	照明平面图	A3	1:60	
电施-05	弱电系统图	A3		
电施-06	弱电平面图	A3	1:60	

图 4-1-1 本项目所需电气施工图

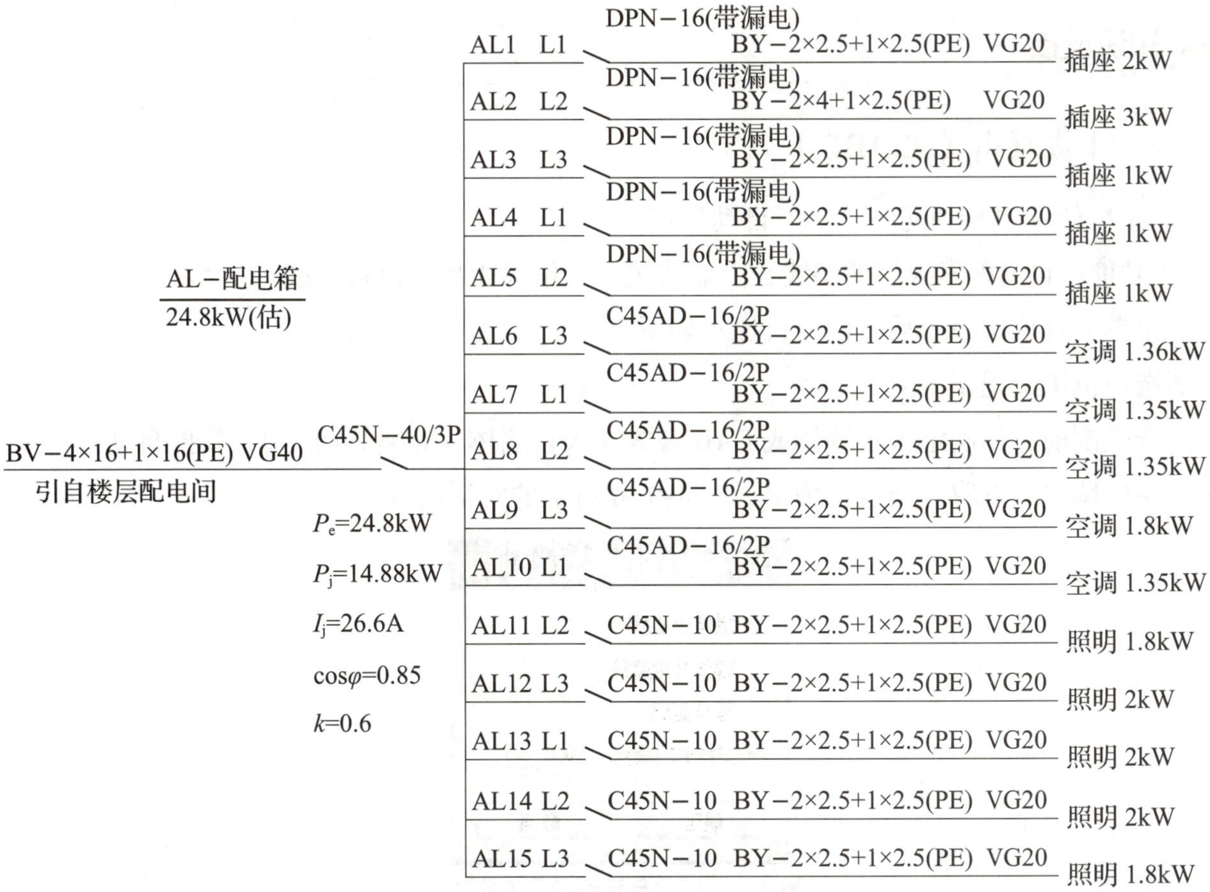

图 4-1-2 配电系统图

AL—配电箱 24.8kW(估)

BV—4×16+1×16(PE) VG40 引自楼层配电间

C45N—40/3P

P_e=24.8kW
P_j=14.88kW
I_j=26.6A
cosφ=0.85
k=0.6

回路	相	开关	电缆	管	用途	功率
AL1	L1	DPN-16(带漏电)	BY-2×2.5+1×2.5(PE)	VG20	插座	2kW
AL2	L2	DPN-16(带漏电)	BY-2×4+1×2.5(PE)	VG20	插座	3kW
AL3	L3	DPN-16(带漏电)	BY-2×2.5+1×2.5(PE)	VG20	插座	1kW
AL4	L1	DPN-16(带漏电)	BY-2×2.5+1×2.5(PE)	VG20	插座	1kW
AL5	L2	DPN-16(带漏电)	BY-2×2.5+1×2.5(PE)	VG20	插座	1kW
AL6	L3	C45AD-16/2P	BY-2×2.5+1×2.5(PE)	VG20	空调	1.36kW
AL7	L1	C45AD-16/2P	BY-2×2.5+1×2.5(PE)	VG20	空调	1.35kW
AL8	L2	C45AD-16/2P	BY-2×2.5+1×2.5(PE)	VG20	空调	1.35kW
AL9	L3	C45AD-16/2P	BY-2×2.5+1×2.5(PE)	VG20	空调	1.8kW
AL10	L1	C45AD-16/2P	BY-2×2.5+1×2.5(PE)	VG20	空调	1.35kW
AL11	L2	C45N-10	BY-2×2.5+1×2.5(PE)	VG20	照明	1.8kW
AL12	L3	C45N-10	BY-2×2.5+1×2.5(PE)	VG20	照明	2kW
AL13	L1	C45N-10	BY-2×2.5+1×2.5(PE)	VG20	照明	2kW
AL14	L2	C45N-10	BY-2×2.5+1×2.5(PE)	VG20	照明	2kW
AL15	L3	C45N-10	BY-2×2.5+1×2.5(PE)	VG20	照明	1.8kW

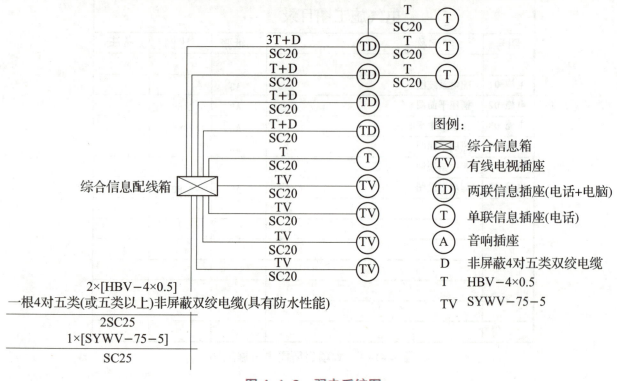

图 4-1-3　弱电系统图

 知识链接

一、自动避雷（ZDBL）

1）菜单位置："接地防雷"→"自动避雷"。

2）功能：自动搜索封闭的墙线，沿墙线按一定偏移距离绘制避雷线。

在菜单上选取本命令后，命令行提示如下。

请选择范围 < 退出 > ：

框选范围前，请确定天正墙体或 CAD 墙线在天正墙体（WALL）图层，软件自动过滤天正墙体图层的墙线，选取范围后，弹出如图 4-1-4 所示的对话框。

图 4-1-4　"自动避雷"对话框

单击"确定"按钮，软件根据设置自动插入避雷线，如图 4-1-5 所示。

自动避雷，外墙线不封闭或情况比较复杂时，避雷线插入可能会失败或出现错误。

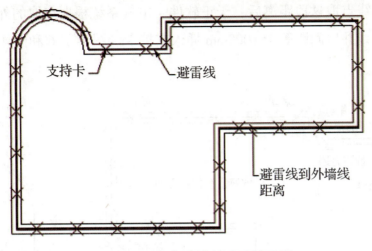

图 4-1-5 自动绘制避雷线示例

二、避雷线（BLX）

1）菜单位置："接地防雷"→"避雷线"。

2）功能：手工点取作为绘制避雷线基准的外墙线位置，沿墙线按一定的偏移距离绘制避雷线。

本命令是"自动避雷"命令的补充，如果执行"自动避雷"命令搜索墙线失败，可使用本命令手工点取作为绘避雷线基准的外墙线的位置，从而绘出避雷线。在菜单上选取本命令后，命令行提示如下。

请点取导线的起始点或｛点取图中曲线［P］/点取参考点［R］｝<退出>：

点取外墙线的起始点后，命令行反复提示如下信息。

直段下一点｛弧段［A］/回退［U］｝<结束>：

依次点取外墙线上的各转折点，如果碰到弧线墙可输入"A"，改为取弧线状态，同时要在点取弧线终点后，再根据提示点取弧墙上的一点。

如果用户想由图中的某直线、曲线或 PLINE 线生成避雷导线，则在执行本命令后根据提示输入"P"，则命令行接着提示如下。

选择一曲线（LINE/ARC/PLINE）：

用户可以从图中选取一条直线、曲线或 PLINE 线。所有墙线上转折点都点取过后或选取了一条要生成避雷导线的线后，命令行提示如下。

选择一曲线（LINE/ARC/PLINE）：

用户可以从图中选取一条直线、曲线或 PLINE 线。所有墙线上转折点都点取过后或选取了一条要生成避雷导线的线后，屏幕命令行提示如下。

请点取避雷线偏移的方向<不偏移>：

点取偏移方向后（默认为不偏移），命令行提示如下。

请输入避雷线到外墙线或屋顶线的距离 <120>：

输入或利用橡皮线点取这段距离后，天正软件–电气系统根据点取的外墙线位置和给定的偏移距离，绘出避雷线并以间距等于1000mm插入支持卡。图4-1-6和图4-1-7为手工点取墙线绘制避雷线示例。

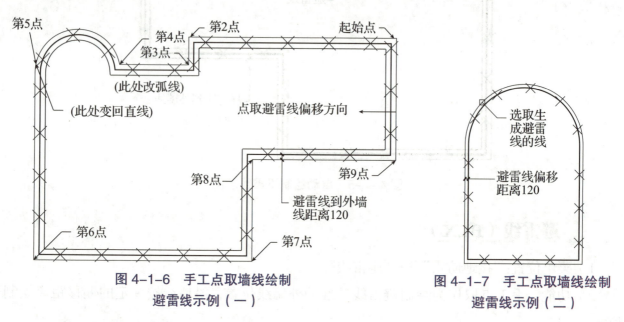

图4-1-6　手工点取墙线绘制避雷线示例（一）

图4-1-7　手工点取墙线绘制避雷线示例（二）

三、接地线（JDX）

1）菜单位置："接地防雷"→"接地"。

2）功能：在平面图中绘制接地线。

本命令与"任意导线"命令基本相同，只是用本命令画出的线是在接地线层上的。在菜单上选取本命令后，命令行提示如下。

请点取接地线的起始点或{点取图中曲线"P"/点取参考点"R"}<退出>：

点取起始点后，命令行反复提示如下。

直段下一点{弧段"A"/回退"U"}<结束>：

依次点取接地线的转折点，输入"A"可改为画弧线状态；绘制完成时，按Enter键可结束本命令。图4-1-8为接地线绘制示例。

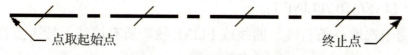

图4-1-8　接地线绘制示例

也可输入"P"，从图中选取一条直线、曲线或PLINE线生成接地线。

注意，如果要删除接地线上可以用"导线擦除"命令，接地线上的短斜线可以用"擦短斜线"命令擦除。

注意，用上述天正软件–电气系统命令所绘制接地线和避雷线与导线线型中"接地线""避雷线"不同，后者为特殊线型绘制的一个整体对象，但在非天正环境下打开时，需要sr.shx文件；前者不需要，且支持卡和短斜线可擦除。

四、擦避雷线（CBLX）

1）菜单位置："接地防雷"→"擦避雷线"。

2）功能：擦除避雷线。

在菜单上选取本命令后，命令行提示如下。

请选取要擦除的避雷线＜退出＞：

用各种 AutoCAD 选图元方式选定要擦除的避雷线后，选中的避雷线被擦除。使用本命令不会选到除避雷线以外的图元。

五、插接地极（CJDJ）

1）菜单位置："接地防雷"→"插接地极"。

2）功能：在接地导线的线段中插入接地极。

在菜单上选取本命令后，命令行反复提示如下。

请点取要插入端子的点＜退出＞：

可以直接在图中点取要插入端子的点，也可以通过捕捉点在导线上插入端子，在插入端子的同时会把该导线在插入点打断，如图 4-1-9 所示。

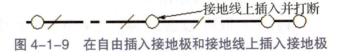

图 4-1-9　在自由插入接地极和接地线上插入接地极

本命令中接地极图块实际上就是电路图中固定端子图块，因此在"初始设置"的"系统设置"中设定了端子直径，也就同时设定了接地极直径。

六、插支持卡（CZCK）

1）菜单位置："接地防雷"→"插支持卡"。

2）功能：在避雷线上沿避雷线的角度任意插入支持卡。

在菜单上选取本命令后，命令行提示如下。

请指定支持卡的插入点＜退出＞：

根据提示选取要插入支持卡的避雷线的位置，则会沿避雷线的角度在该点插入一个支持卡。

七、避雷设置（BLSZ）

1）菜单位置："接地防雷"→"滚球避雷"→"避雷设置"。

2）功能：进行避雷的一些设置，如保护范围颜色、标注设置、字体大小及颜色等。

选取该命令后，弹出如图 4-1-10 所示的设置对话框。

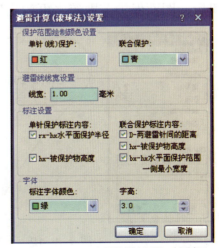

图 4-1-10　避雷针设置对话框

八、插避雷针（CBLZ）

1）菜单位置："接地防雷"→"插避雷针"。

2）功能：在平面图中插入避雷针。

选取本命令后，弹出如图4-1-11所示的对话框。

该对话框中各选项介绍如下。

①"防雷等级"：可根据防雷等级选择滚球半径，其中滚球半径分4个等级，即30m、45m、60m、100m，可通过下拉菜单进行选择。

②"避雷针属性"：包括避雷针的编号（同一张DWG图中，插入的避雷针编号不得重复，对话框底部会提示）、针高［一般指避雷针有效高度＋相对保护建筑物高度（根据工程实际情况，可能为建筑物总高，也可能为建筑物的一部分高度）］等。

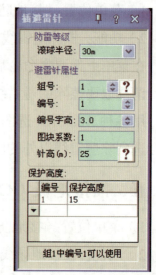

图4-1-11 "插避雷针"对话框

③"保护高度"：被避雷针保护的建筑高度。

在菜单上选取本命令后，命令行提示如下。

请点取插入点＜退出＞：

在图上点取插入点后，避雷针被布置在图面上，同时自动生成其保护范围，若插入多针，则自动生成联合保护范围。

九、改避雷针（GBLZ）

1）菜单位置："接地防雷"→"滚球避雷"→"改避雷针"。

2）功能：修改已插入的避雷针的参数。

在菜单上选取本命令，并选择需要调整的避雷针后，弹出如图4-1-12所示的对话框。可通过该对话框编辑，也可直接双击避雷针进行编辑。

在图4-1-12所示的对话框中，可修改避雷针的属性，如针高改为25m，单击"更新"按钮后，图面保护范围随之更新，如图4-1-13所示。

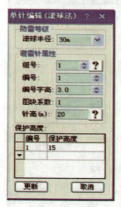 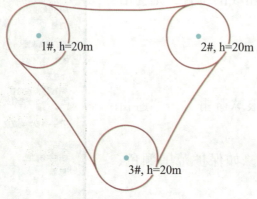 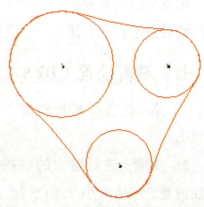

图4-1-12 单针编辑　　　　图4-1-13 编辑后的二维保护面

十、删避雷针（SBLZ）

1）菜单位置："接地防雷"→"滚球避雷"→"删避雷针"。

2）功能：删除布置的避雷针。

在菜单上选取本命令后，命令行提示如下。

请选择要删除的数据源对象＜退出＞：

框选要删除的避雷针，确定后即可删除，也可直接采用CAD的命令删除，同时其联合防护区域自动更新。

十一、绘避雷线（HBLX）

1）菜单位置："接地防雷"→"滚球避雷"→"绘避雷线"。

2）功能：绘制避雷线，自动计算其联合防护范围，能够查看三维防护区域。

在菜单上选取该命令后，由局部三维转成二维显示，命令行提示如下。

请点取避雷线起始点［平行于参照避雷线（P）/指定角度0~360（A）］＜P＞：能够同时对避雷线进行编辑、修改及参数标注，移动一根避雷线联合防护范围自动更新。

避雷线平面图如图4-1-14所示。避雷线三维效果图如图4-1-15所示。

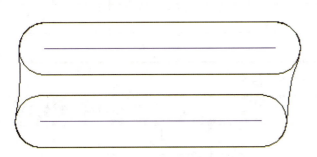

图4-1-14 避雷线平面图

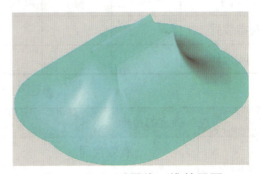

图4-1-15 避雷线三维效果图

避雷线也支持CAD的MOVE命令，其移动后避雷线联合防护范围也随之自动更新。

十二、改避雷线（GBLX）

1）菜单位置："接地防雷"→"滚球避雷"→"改避雷线"。

2）功能：修改已绘制的避雷线参数。

在菜单上选取本命令后，弹出如图4-1-16所示的对话框，且命令行提示如下。

请选择需要修改的避雷线＜退出＞：

对避雷线进行编辑、修改后，避雷线联合防护范围可自动更新。

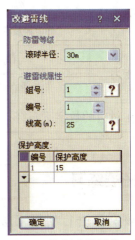

图4-1-16 "改避雷线"对话框

十三、删避雷线（SBLX）

1）菜单位置："接地防雷" → "滚球避雷" → "删避雷线"。

2）功能：删除已绘制的避雷线。

在菜单上选取本命令后，命令行提示如下。

请选择要删除的避雷线 <退出>：

选择要删除的避雷线，并确定后，即可删除所选避雷线。

任务评价

根据学习情况对知识和工作过程进行评估，对照表 4-1-1 逐一检查所学知识点，并如实在表 4-1-2 中做好记录。

表 4-1-1　知识点检查记录表

检查项目	理解概念		回忆		复述		存在的问题
	能	不能	能	不能	能	不能	
项目书							
避雷装置							
团队合作							

表 4-1-2　工作过程评估表

确定的目标		1	2	3	4	5	观察到的行为
专业能力	有效沟通						
	测量工具使用						
方法能力	收集信息						
	查阅资源						
社会能力	相互协作						
	同学及老师的支持						
个人能力	执行力						
	做事的专注能力						

注：在对应的数字下面打"√"，1—优秀，2—良好，3—合格，4—基本合格，5—不合格

对该别墅进行智能家居集成设计。

参考文献

[1] 杨光臣. 建筑电气工程图识读与绘制[M]. 北京：中国建筑工业出版社，2001.
[2] 汪永华. 建筑电气安装工识图快捷通[M]. 上海：上海科学技术出版社，2007.
[3] 游普光. 建筑工程图识读与绘制[M]. 4版. 天津：天津大学出版社，2017.